U0159500

机器人系统设计与制作

Python语言实现

（原书第2版）

Learning Robotics Using Python, Second Edition

[印] 郎坦·约瑟夫（Lentin Joseph）著

刘端阳 译

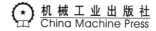

机械工业出版社

China Machine Press

图书在版编目（CIP）数据

机器人系统设计与制作：Python 语言实现：原书第 2 版 /（印）郎坦·约瑟夫（Lentin Joseph）著；刘端阳译 . -- 北京：机械工业出版社，2021.9
（智能系统与技术丛书）
书名原文：Learning Robotics Using Python, Second Edition
ISBN 978-7-111-69134-1

I. ① 机… II. ① 郎… ② 刘… III. ① 机器人 - 系统设计 IV. ① TP242

中国版本图书馆 CIP 数据核字（2021）第 185358 号

本书版权登记号：图字 01-2018-8354

机器人系统设计与制作：Python 语言实现（原书第 2 版）

出版发行：机械工业出版社（北京市西城区百万庄大街 22 号 邮政编码：100037）
责任编辑：王春华 李忠明 责任校对：马荣敏
印　　刷：三河市东方印刷有限公司 版　次：2021 年 10 月第 1 版第 1 次印刷
开　　本：186mm×240mm 1/16 印　张：13.25
书　　号：ISBN 978-7-111-69134-1 定　价：79.00 元

客服电话：（010）88361066　88379833　68326294 投稿热线：（010）88379604
华章网站：www.hzbook.com 读者信箱：hzjsj@hzbook.com

前　言

　　本书共有9章，介绍了如何从头开始构建自主移动机器人并使用 Python 对其进行编程。本书中提到的机器人是一种服务型机器人，可在家中、酒店和餐厅提供上菜服务。本书逐步讨论了构建该机器人的整个过程。首先介绍了机器人学的基本概念，然后阐述了机器人的 3D 建模和仿真，随后讨论了构建机器人原型所需的硬件组件。

　　该机器人的软件部分主要使用 Python 编程语言和软件框架——比如机器人操作系统（Robot Operating System，ROS）和 OpenCV 视觉库实现。Python 的使用贯穿从机器人设计到创建用户界面的整个过程。Gazebo 仿真器用于模拟诸如 OpenCV、OpenNI 和 PCL 等机器人和机器视觉库，其作用是处理 2D 和 3D 图像数据。每一章都提供了足够的理论知识来帮助理解应用部分。本书由该领域的专家审阅，凝聚了他们的辛勤汗水以及对机器人技术的热爱。

目标读者

　　对于想要探索服务机器人领域的企业家，想要让机器人实现更多功能的专业人士，想要探索更多机器人技术的研究人员，以及想要学习机器人技术的爱好者或学生，本书将大有助益。全书采用循序渐进的讲解方式，便于读者掌握。

内容简介

　　第 1 章解释了机器人操作系统的基本概念，该系统是机器人编程的主要平台。

第 2 章介绍了差分驱动机器人的基本概念。这些概念属于差分驱动的运动学和逆向运动学范畴，有助于你了解如何在软件中实现差分驱动控制。

第 3 章讨论了机器人设计约束的计算和移动机器人的 2D/3D 建模方法。2D/3D 建模以一组机器人需求为基础实施。在完成设计和机器人建模后，读者将得到设计的参数，这些参数可用于机器人仿真设置。

第 4 章介绍了名为 Gazebo 的机器人仿真器，并指导读者使用它来模拟自己的机器人。

第 5 章讨论了如何选择构建 ChefBot 所需的各种硬件组件。

第 6 章讨论了机器人中使用的各种驱动器和传感器与 Tiva-C 开发板控制器的连接问题。

第 7 章讨论了不同视觉传感器（如 Kinect 和 Orbecc Astra）的连接问题，视觉传感器可用于 ChefBot 机器人的自主导航。

第 8 章讨论了如何在机器人操作系统中完整构建机器人硬件和软件，以实现自主导航。

第 9 章介绍了如何开发图形用户界面来指挥机器人在类似酒店的环境中移动到餐桌旁边。

如何充分利用本书

本书讲的是构建机器人的方法，在学习本书之前，你应该配备一些硬件。你可以彻底从零开始构建机器人，也可以购买一个带有编码器反馈的差分驱动配置机器人。你应该购买一块控制器板，例如用于嵌入式处理的美国德州仪器开发板，而且应该至少有一台用于整个机器人处理的笔记本电脑或上网本。本书中使用英特尔 NUC 进行机器人处理，它的结构非常紧凑，而且性能优异。学习 3D 视觉功能时，你应该有一个 3D 传感器，比如激光扫描仪、Kinect 或 Orbecc Astra。

在软件部分，你应该熟练掌握 GNU/Linux 命令的使用方法，并且对 Python 也有很好的了解。你需要安装 Ubuntu 16.04 LTS 才能使用这些示例。了解机器人操作系统、OpenCV、OpenNI 和 PCL 将会有所帮助。要应用这些示例，必须安装机器人操作系统 Kinect/Melodic。

下载示例代码及彩色图像

本书的示例代码及所有截图和样图，可以从 http://www. packtpub. com 通过个人账号下载，也可以访问华章图书官网 http://www. hzbook. com，通过注册并登录个人账号下载。

本书的代码包也托管在 GitHub 上，网址为 https://github. com/PacktPublishing/Learning-Robotics-using-Python-Second-Edition。

排版约定

文中的代码体：表示代码、数据库表名称、文件夹名称、文件名、文件扩展名、路径名、虚拟 URL、用户输入和 Twitter 句柄。

代码块示例如下：

```
<xacro:include filename="$(find
 chefbot_description)/urdf/chefbot_gazebo.urdf.xacro"/>
 <xacro:include filename="$(find
 chefbot_description)/urdf/chefbot_properties.urdf.xacro"/>
```

命令行输入或输出示例如下：

$ roslaunch chefbot_gazebo chefbot_empty_world.launch

 表示警告或重要说明。

 表示提示和技巧。

CONTENTS

目　　录

X

第 1 章

ROS 入门

本书的主要目的是教你如何从头开始构建自主移动机器人。我们将使用机器人操作系统（Robot Operating System，ROS）对机器人进行编程，它的操作将在名为 Gazebo 的仿真器上进行模拟。在接下来的章节中，还会介绍机器人的机械设计、电路设计、嵌入式编程并使用 ROS 进行高级软件编程。

本章将从 ROS 基础知识开始学习，包括如何安装 ROS，如何使用 ROS 和 Python 编写基础的应用程序，以及 Gazebo 的基础知识。本章内容是自主机器人项目的基础。如果你已经了解了 ROS 的基础知识，并且已经在系统上安装了 ROS，那么可以跳过这一章。但是，你仍然可以在以后浏览这一章来增强对 ROS 基础知识的记忆。

本章将涵盖以下主题：

- 对 ROS 的概述。
- 在 Ubuntu 16.04.3 上安装 ROS Kinetic。
- 介绍、安装和测试 Gazebo。

我们开始使用 Python 和 ROS 来对机器人编程吧！

1.1 技术要求

可以从以下链接获得本章中提到的完整代码：https://github.com/qboticslabs/learning_robotics_2nd_ed。

1.2 ROS 概述

ROS 是用于创建机器人应用程序的软件框架，其主要目的是提供可以用于创建机器人应用程序的功能，创建的应用程序也可以被其他机器人再次使用。ROS 由一系列可以简化机器人软件开发的软件工具、软件库和软件包组成。

ROS 是 BSD（https://opensource. org/licenses/BSD-3-Clause）许可的一个完整的开源项目，可用于研究和商业应用。虽然 ROS 表示机器人操作系统，但它并不是一个真正的操作系统。相反，它是一个提供了真实操作系统功能的元操作系统。以下是 ROS 提供的主要功能：

- **消息传递接口**：这是 ROS 的核心功能，它支持进程间通信。使用这种消息传递功能，ROS 程序可以与其链接的系统进行通信并交换数据。下面的章节中，我们将学习更多关于在 ROS 程序/节点之间交换数据的技术术语。

- **硬件抽象**：ROS 具有一定程度的抽象，使开发人员能够创建与机器人无关的应用程序。这类应用程序可以用于任何机器人，因此开发人员只需要关心底层的机器人硬件。

- **软件包管理**：把 ROS 节点以软件包形式组织在一起，则称为 ROS 软件包。ROS 软件包由源代码、配置文件、构建文件等组成。我们可以创建包、构建包和安装包。ROS 中有一个构建系统，可以帮助构建这些软件包。ROS 的软件包管理使 ROS 的开发更加系统化和组织化。

- **第三方软件库集成**：ROS 框架可与许多第三方软件库集成，如 OpenCV、PCL、OpenNI 等。这有助于开发者在 ROS 中创建各种各样的应用程序。

- **底层设备控制**：使用机器人工作时，也可能需要使用底层设备，例如控制 I/O 引脚、通过串口发送数据等设备。这也可以使用 ROS 完成。

- **分布式计算**：处理来自机器人传感器的数据所需的计算量非常大。使用 ROS 可以轻松地将计算分配到计算节点集群中。分配计算能力使处理数据的速度比使用单个计算机更快。

- **代码复用**：ROS 的主要目标是实现代码复用。代码复用促进了全球研发团队的发展。ROS 的可执行文件叫作节点。这些可执行文件被打包成一个实体，叫作 ROS 软件包。一批软件包集合叫作元软件包，软件包和元软件包都可以共享和分发。

- **语言独立性**：ROS 框架可以使用当前流行的编程语言（如 Python、C++ 和 Lisp）。节点可以用任何一种语言来编写，并且可以通过 ROS 框架进行无障碍通信。

- **测试简单**：ROS 有一个内置的单元／集成测试框架 rostest，用于测试 ROS 软件包。

- **扩展**：ROS 可以扩展到机器人中执行复杂的计算。
- **免费且开源**：ROS 的源代码是开放的，并且是完全免费的。ROS 的核心部分，经 BSD（Berkeley Software Distribution）协议许可，可以在商业领域和不开源的产品上复用。

ROS 是管道（消息传递）、开发工具、应用功能和生态系统的组合。ROS 中有强大的开发工具，可以调试和可视化机器人数据。ROS 具有内置的机器人应用功能，如机器人导航、定位、绘图、操作等。它们有助于创建强大的机器人应用程序。

图 1-1 显示了 ROS 的组成。

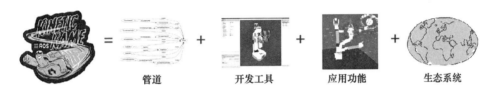

图 1-1　ROS 的组成

 更多有关 ROS 的信息，请参考 http://wiki. ros. org/ROS/Introduction。

1.2.1　ROS 框架

ROS 框架主要分成三个层级：

- ROS 文件系统。
- ROS 计算图。
- ROS 社区。

ROS 文件系统

ROS 的文件系统主要介绍了硬盘上 ROS 文件的组织形式。其中，我们必须了解的主要有以下几个方面：

- **软件包（Package）**：ROS 软件包是 ROS 软件框架的独立单元。ROS 软件包可能包含源代码、第三方软件库、配置文件等。ROS 软件包可以复用和共享。
- **软件包清单（Package Manifest）**：清单文件（package. xml）列出了软件包的所有详细信息，包括名称、描述、许可信息以及最重要的依赖关系。

- **消息（msg）类型**：消息的描述存储在软件包的 `msg` 文件夹下。ROS 消息是一组通过 ROS 的消息传递系统进行数据发送的数据结构。消息的定义存储在扩展名为 `.msg` 的文件里。
- **服务（srv）类型**：服务的描述使用扩展名 `.srv` 存储在 `srv` 文件夹下。该文件定义了 ROS 内服务请求和响应的数据结构。

ROS 计算图

ROS 的计算图是 ROS 处理数据的一种点对点的网络形式。ROS 计算图中的基本功能包括节点、ROS 控制器、参数服务器、消息和服务：

- **节点（Node）**：ROS 节点是使用 ROS 功能处理数据的进程。节点的基本功能是计算。例如，节点可以对激光扫描仪数据进行处理，以检查是否存在碰撞。ROS 节点的编写需要 ROS 客户端库文件（如 `roscpp` 和 `rospy`）的支持，这将在下一节中讨论。
- **ROS 控制器（Master）**：ROS 节点可以通过名为 ROS 控制器的程序相互连接。此程序提供计算图其他节点的名称、注册和查找信息。如果不运行这个控制器，节点之间将无法相互连接和发送消息。
- **参数服务器（Parameter server）**：ROS 参数是静态值，存储在叫作参数服务器的全局位置。所有节点都可以从参数服务器访问这些值。我们甚至可以将参数服务器的范围设置为 private 以访问单个节点，或者设置为 public 以访问所有节点。
- **ROS 主题（Topic）**：ROS 节点使用命名总线（叫作 ROS 主题）彼此通信。数据以消息的形式流经主题。通过主题发送消息称为发布，通过主题接收数据称为订阅。
- **消息（Message）**：ROS 消息是一种数据类型，可以由基本数据类型（如整型、浮点型、布尔类型等）组成。ROS 消息流经 ROS 主题。一个主题一次只能发送/接收一种类型的消息。我们可以创建自己的消息定义并通过主题发送它。
- **服务（Service）**：我们看到使用 ROS 主题的发布/订阅模型是一种非常灵活的通信模式，这是一种一对多的通信模式，意味着一个主题可以被任意数量的节点订阅。在某些情况下，可能还需要一种请求/应答类型的交互方式，它可以用于分布式系统。这种交互方式可以使用 ROS 服务实现。ROS 服务的工作方式与 ROS 主题类似，因为它们都有消息类型定义。使用该消息定义可以将服务请求发送到另一个提供该服务的节点。服务的结果将作为应答发送。该节点必须等待，直到从另一个节点接收到结果。

- **ROS 消息记录包（Bag）**：这是一种用于保存和回放 ROS 主题的文件格式。ROS 消息记录包是记录传感器数据和处理数据的重要工具。这些包之后可以用于离线测试算法。

图 1-2 显示了在节点和控制器之间，ROS 主题和 ROS 服务的工作流程。

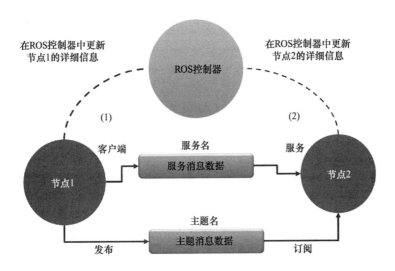

图 1-2　ROS 节点和 ROS 控制器之间的通信

从图 1-2 可以看到，ROS 控制器位于两个 ROS 节点之间。我们必须记住的一件事是，在启动 ROS 中的任何节点之前，应该先启动 ROS 控制器。ROS 控制器充当节点之间的中介，以交换关于其他 ROS 节点的信息，从而建立通信。假设节点 1 希望发布名为/xyz 的主题，消息类型为 abc。它将首先接近 ROS 控制器，说："我将发布一个名为/xyz 的主题，消息类型为 abc，并共享其细节。"当另一个节点，比如节点 2，希望订阅消息类型为 abc 的相同主题/xyz 时，控制器将共享关于节点 1 的信息，并分配一个端口来直接在这两个节点之间启动通信，而不需要与 ROS 控制器通信。

ROS 服务的工作方式与之类似。ROS 控制器类似 DNS 服务器，当第二个节点向第一个节点请求主题或服务时，它可以共享节点的详细信息。ROS 使用的通信协议是 TCPROS（http://wiki. ros. org/ROS/TCPROS），它使用的是标准 TCP/IP 套接字。

ROS 社区

ROS 社区由 ROS 开发人员和研究人员组成，他们可以创建和维护软件包，并交换现有软件包、新发布的软件包和其他与 ROS 框架相关的新信息。ROS 社区提供以下服务：

- **发行版本（Distribution）**：ROS 发行版有一组特定版本的软件包。本书中使用的发行版是 ROS Kinetic。还有其他可用的版本，比如 ROS Lunar 和 Indigo，它们有一个可以安装的特定版本。在每个发行版中维护软件包更容易。在大多数情况下，发行版中的软件包相对稳定。
- **资源库（Repository）**：在线资源库是保存软件包的地方。通常，开发人员在资源库中保存一组类似的软件包，称为元软件包。还可以将单个软件包保存在独立资源库中。我们可以简单地复制资源库并构建或复用软件包。
- **ROS wiki**：从 ROS wiki 几乎可以获得所有 ROS 文档。通过使用 ROS wiki（http://wiki. ros. org），可以从最基本的概念到最高级的编程来了解 ROS。
- **邮件列表（Mailing List）**：如果想获得有关 ROS 的更新消息，可以订阅 ROS 邮件列表（http://lists. ros. org/mailman/listinfo/ros-users）。还可以从 ROS Discourse（https://discourse. ros. org）获得最新的 ROS 消息。
- **ROS 应答**：这与 Stack Overflow 网站非常相似。你可以在这个门户中提出与 ROS 相关的问题，并且可能会得到来自世界各地开发人员的帮助（https://answers. ros. org/questions/）。

可以从 ROS 的官方网站 www. ros. org 上了解关于 ROS 的其他功能。现在，我们继续介绍 ROS 的安装过程。

1.2.2 在 Ubuntu 上安装 ROS

根据前面的讨论，我们了解到 ROS 是元操作系统，需要安装在主机系统上。ROS 完全支持 Ubuntu 和 Linux，但对于 Windows 和 OS X 的支持还处于实验阶段。表 1-1 列出了一些最新的 ROS 发行版本。

表 1-1　ROS 发行版本

发行版本	发布日期
ROS Melodic Morenia	2018 年 5 月 23 日
ROS Lunar Loggerhead	2017 年 5 月 23 日
ROS Kinetic Kame	2016 年 5 月 23 日
ROS Indigo Igloo	2014 年 7 月 22 日

下面我们将介绍在 Ubuntu 16.04.3 LTS 上安装名为 Kinetic 的 ROS 长期稳定支持（Long-Term Support，LTS）的发行版的过程。ROS Kinetic Kame 主要针对的是 Ubuntu 16.04 LTS。在查看了以下说明之后，还可以在 Ubuntu 18.04 LTS 上最新的 LTS Melodic Morenia 中找到设置 ROS 的说明。如果你是 Windows 或 OS X 用户，那么可以先在虚拟机（VirtualBox）上安装 Ubuntu，然后再安装 ROS。VirtualBox 的下载链接为 https：//www.virtualbox.org/wiki/Downloads。

你可以在 http：//wiki.ros.org/kinetic/Installation/Ubuntu 上找到完整的操作说明。

安装说明如下：

（1）配置 Ubuntu 资源库，允许 restricted、universe 和 multiverse 下载权限。可以用 Ubuntu 中的 Software & Updates 工具进行配置。我们可以直接在 Ubuntu Unity 查找菜单下进行简单搜索，然后按图 1-3 所示勾选选项。

（2）将系统设置为从 `packages.ros.org` 接收 ROS 软件包。ROS Kinetic 版本仅支持 Ubuntu 15.10 和 16.04。使用下面的命令将 `packages.ros.org` 存储到 Ubuntu 的 `apt` 库列表：

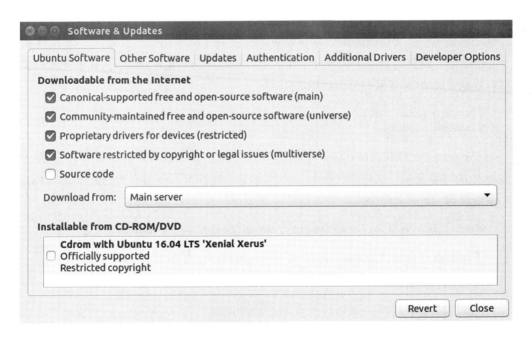

图 1-3　Ubuntu 的 Software & Updates 工具

```
$ sudo sh -c 'echo "deb http://packages.ros.org/ros/ubuntu
$(lsb_release -sc) main" > /etc/apt/sources.list.d/ros-latest.list'
```

（3）接下来，添加 apt-key。apt-key 用于管理密钥列表，apt 通过密钥对软件包进行认证。经过这些密钥认证的软件包将被认为是可信的。使用下面的命令可以将 apt-key 添加到 ROS 软件包：

```
sudo apt-key adv --keyserver hkp://ha.pool.sks-
keyservers.net:80 --recv-key
421C365BD9FF1F717815A3895523BAEEB01FA116
```

（4）添加了 apt-key 之后，必须更新 Ubuntu 软件包列表。使用下面的命令添加并更新 ROS 软件包和 Ubuntu 软件包：

```
$ sudo apt-get update
```

（5）更新了 ROS 软件包之后，就可以开始安装软件包了。使用下面的命令安装 ROS 必需的软件包、开发工具和软件库：

```
$ sudo apt-get install ros-kinetic-desktop-full
```

（6）在桌面安装完成之后，可能还需要安装一些附加的软件包。每个附加安装的软件包在书中后续对应的部分都会提到。安装桌面需要花费一些时间。在 ROS 安装完成之后，就已经完成了大部分工作。下一步就是初始化 rosdep，有了它就可以很容易地安装 ROS 资源包的依赖项：

```
$ sudo rosdep init
$ rosdep update
```

（7）为了在当前的 bash shell 下使用 ROS 工具和命令，可以在 .bashrc 文件中添加 ROS 环境变量。这将会在每个 bash 会话开始时执行。使用下面的命令添加 ROS 环境变量到 .bashrc 文件：

```
echo "source /opt/ros/kinetic/setup.bash" >> ~/.bashrc
```

下面的命令将在当前 shell 下运行 .bashrc 脚本，并在当前 shell 下产生变化：

```
source ~/.bashrc
```

（8）在安装软件包的依赖项时有一个很好用的工具 rosinstall，这个工具需要单独安装。它仅需要一个命令就可以帮助你下载到很多 ROS 软件包的资源树：

```
$ sudo apt-get install python-rosinstall python-rosinstall-
generator python-wstool build-essential
```

最新的 LTS Melodic 的安装过程类似于前面的过程。可以同时安装 Ubuntu 18.04 LTS 和 Melodic。你可以在 http://wiki.ros.org/melodic/Installation/Ubuntu 上找到完整的说明。

在完成 ROS 的安装之后，我们将讨论如何在 ROS 中创建示例软件包。在创建软件包之前，先要建立 ROS 工作区，然后在 ROS 工作区中创建软件包。我们将采用 catkin 构建系统，catkin 是一系列工具的集合，用于在 ROS 中创建软件包。catkin 构建系统能够从源代码生成可执行文件或共享库。ROS Kinetic 使用 catkin 构建系统来创建软件包。下面，我们先来看看 catkin 是什么。

1.2.3 什么是 catkin

catkin 是 ROS 的官方编译构建系统。在 catkin 之前，ROS 用 rosbuild 系统来构建软件包。在最新版本的 ROS 中，catkin 代替了 rosbuild。catkin 结合了 CMake 宏命令和 Python 脚本来提供和 CMake 同样的通用工作流程。catkin 提供了比 rosbuild 系统更好的软件包发布功能、更好的交叉编译功能以及更好的可移植性。有关 catkin 的更多信息，可以参考 wiki.ros.org/catkin。

catkin 工作区是一个文件夹，可以在其中对 catkin 软件包进行修改、构建以及安装。

现在，我们来看如何创建 ROS 的 catkin 工作区。

使用下面的命令创建名为 catkin_ws 的父目录和名为 src 的子文件夹：

```
$ mkdir -p ~/catkin_ws/src
```

使用下面的命令将目录切换到 src 文件夹。我们将在 src 文件夹中创建软件包：

```
$ cd ~/catkin_ws/src
```

使用下面的命令初始化 catkin 工作区：

```
$ catkin_init_workspace
```

在完成 catkin 工作区初始化之后，使用下面的命令能够直接（即使在没有源文件的情况下）构建软件包：

```
$ cd ~/catkin_ws/
$ catkin_make
```

catkin_make 命令用于在 src 目录中构建软件包。构建软件包之后，在 catkin_

ws 目录下可以看到一个 build 文件夹和一个 devel 文件夹。可执行文件存储在 build 文件夹中。在 devel 文件夹中，有可以在 ROS 环境下添加工作区的 shell 脚本文件。

1.2.4 创建 ROS 软件包

在本节中，我们将介绍如何创建包含两个 Python 节点的示例软件包。其中一个节点用于在名为 /hello_pub 的主题上发布 Hello World 字符串消息，另一个节点订阅该主题。

在 ROS 中使用 catkin_create_pkg 命令可以创建 catkin ROS 软件包。

软件包会在 src 文件夹中创建，这个文件夹是我们在创建工作区的过程中创建的。在创建软件包之前，使用下面的命令先切换到 src 文件夹：

$ cd ~/catkin_ws/src

使用下面的命令创建 hello_world 包及 std_msgs 依赖项，该依赖项包含标准的消息定义。ROS 的 Python 客户端库是 rospy：

$ catkin_create_pkg hello_world std_msgs rospy

在软件包成功创建后，会返回以下信息：

```
Created file hello_world/package.xml
Created file hello_world/CMakeLists.txt
Created folder hello_world/src
Successfully created files in /home/lentin/catkin_ws/src/hello_world.
Please adjust the values in package.xml.
```

在 hello_world 包成功创建之后，需要添加两个 Python 节点或脚本，用于演示主题的订阅和发布。

首先，使用下面的命令在 hello_world 包中创建名为 scripts 的文件夹：

$ mkdir scripts

切换到 scripts 文件夹，并创建名为 hello_world_publisher.py 和 hello_world_subscriber.py 的脚本，用于发布和订阅 Hello World 消息。下面将介绍这些脚本或节点的代码和函数。

hello_world_publisher.py

节点 hello_world_publisher.py 主要发布欢迎信息 Hello World 到主题 /hello_pub 中，发布频率为 10Hz。

图 1-4 显示了两个 ROS 节点之间的相互作用。

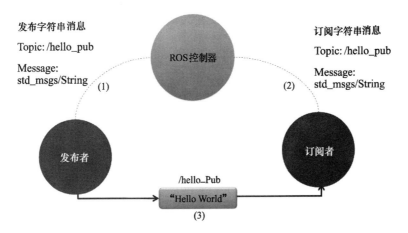

图 1-4　发布者和订阅者节点之间的通信

本书的完整代码还可在 https://github. com/qboticslabs/learning_robotics_2nd_ed 获得。

此节点代码的分步解释如下:

（1）如果要编写 ROS Python 节点，则需要导入 rospy。它包含 Python 的 API，可以与 ROS 的主题、服务等相互作用。

（2）要从 std_msgs 包中导入 String 消息数据类型才能发送 Hello World 消息。std_msgs 包对标准的数据类型有一个消息定义。使用下面的命令进行导入:

```python
#!/usr/bin/env python
import rospy
from std_msgs.msg import String
```

（3）下面的代码创建了主题 hello_pub 的一个发布对象。消息类型是 String，queue_size 的值为 10。如果设置的订阅频率太低导致来不及接收数据，可以调整 queue_size 选项:

```python
def talker():
    pub = rospy.Publisher('hello_pub', String, queue_size=10)
```

（4）下面这行代码对所有 ROS 节点进行初始化，并给每个节点命名。如果运行过程中两个节点有相同的节点名称，那么其中一个将会关闭。如果想要同时运行这两个节点，可以如下使用 anonymous = True 标志:

```python
rospy.init_node('hello_world_publisher', anonymous=True)
```

（5）下面这行代码创建速率对象 r。在对象 Rate 中使用 sleep() 方法，可以更新设定的循环速率。这里，我们设定速率为 10：

r = rospy.Rate(10) # 10Hz

（6）下面的循环将检查 rospy 是否构建了 rospy.is_shutdown() 标志。接下来，执行这个循环。按下 < Ctrl + C > 时，循环退出。

在循环内部，消息 Hello World 会被打印在终端上，并同时以 10Hz 的速率发布在主题 hello_pub 上：

```
while not rospy.is_shutdown():
    str = "hello world %s"%rospy.get_time()
    rospy.loginfo(str)
    pub.publish(str)
    r.sleep()
```

（7）下面的代码对 Python 的 _main_ 进行检查并调用 talker() 函数。代码将持续执行 talker()，当按下 < Ctrl + C > 时，节点将关闭：

```
if __name__ == '__main__':
    try:
        talker()
    except rospy.ROSInterruptException: pass
```

在发布主题之后，我们将介绍如何订阅主题。接下来的部分介绍订阅 hello_pub 主题的相关代码。

hello_world_subscriber. py

订阅主题的代码如下：

```
#!/usr/bin/env python
import rospy
from std_msgs.msg import String
```

下面是当消息到达 hello_pub 主题后执行的一个回调函数。data 变量包含了来自主题的消息，使用函数 rospy. loginfo() 可以将其打印出来：

```
def callback(data):
    rospy.loginfo(rospy.get_caller_id()+"I heard %s",data.data)
```

下面分步介绍以 hello_world_subscriber 为名称启动节点，同时开始订阅 /hello_pub 主题：

（1）消息的数据类型为 String，当消息到达主题后，执行一个名为 callback

的回调函数：

```
def listener():
    rospy.init_node('hello_world_subscriber',
        anonymous=True)
    rospy.Subscriber("hello_pub", String, callback)
```

（2）下面的代码让节点保持在线，直到节点被关闭：

```
rospy.spin()
```

（3）下面的代码是 Python 代码的主体部分，调用 listener()方法来订阅 /hello_pub 主题：

```
if __name__ == '__main__':
    listener()
```

（4）在保存了两个 Python 节点之后，需要使用 chmod 命令更改执行权限：

```
chmod +x hello_world_publisher.py
chmod +x hello_world_subscriber.py
```

（5）在更改了文件权限之后，使用 catkin_make 命令构建软件包：

```
cd ~/catkin_ws
catkin_make
```

（6）下面的命令添加当前 ROS 工作区路径到所有终端，这样就能够在这个工作区内访问 ROS 软件包：

```
echo "source ~/catkin_ws/devel/setup.bash" >> ~/.bashrc
source ~/.bashrc
```

图 1-5 是订阅和发布节点的输出画面。

（1）首先，在启动节点之前需要运行 roscore。不同节点之间需要通过 roscore 命令或 ROS 控制器进行通信。所以，第一条命令如下：

```
$ roscore
```

（2）在执行 roscore 之后，使用下面的命令运行每个节点：

● 发布节点：

```
$ rosrun hello_world hello_world_publisher.py
```

● 订阅节点。该节点订阅了 hello_pub 主题，如下面的代码所示：

```
$ rosrun hello_world hello_world_subscriber.py
```

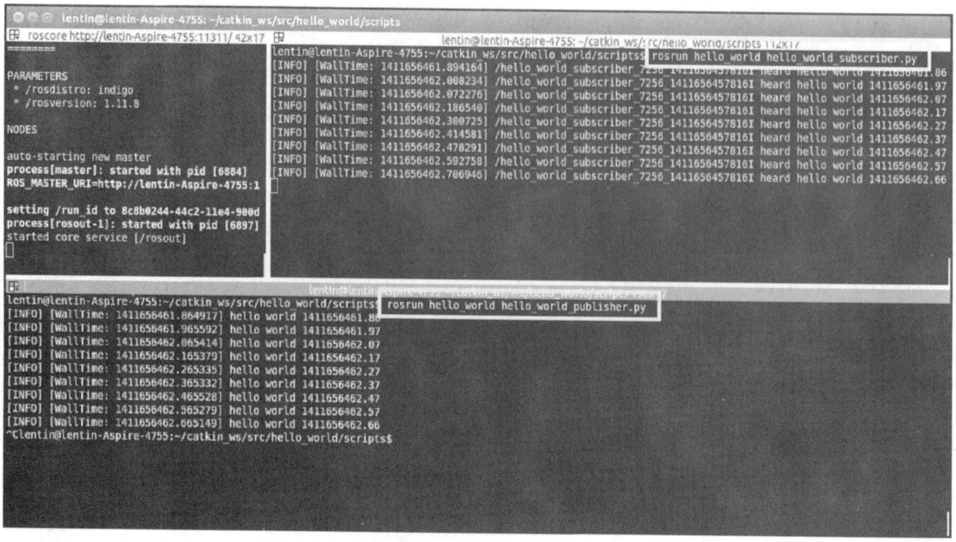

图 1-5　Hello World 节点的输出画面

以上，我们介绍了 ROS 的一些基础知识。下面我们将介绍什么是 Gazebo，以及在 ROS 中如何使用 Gazebo。

1.2.5　什么是 Gazebo

Gazebo 是一个免费的开源机器人仿真器，可以用它来测试我们自己的算法，设计机器人，以及在不同的仿真场景下测试机器人。Gazebo 可以准确有效地在室内和室外环境中模拟复杂的机器人。Gazebo 的内置物理引擎使我们可以构建高质量图形并提升渲染效果。

Gazebo 有以下功能：

- **动态仿真**：使用 Gazebo 的物理引擎可以进行机器人的动力学仿真，例如，使用 **ODE**（**Open Dynamics Engine**）（http://opende. sourceforge. net/）、Bullet（http://bulletphysics. org/wordpress/）、Simbody（https://simtk. org/home/simbody/）以及 DART（http://dartsim. github. io/）等。
- **先进的 3D 图形显示**：Gazebo 使用 OGRE 框架（http://www. ogre3d. org/），以提供高质量的渲染、灯光、阴影及纹理效果。
- **传感器支持**：Gazebo 能够支持大部分传感器，包括激光测距仪、Kinect 型传感器、2D/3D 相机等。在仿真时也可以选择模拟噪声来测试音频传感器。

- **插件**：可以为机器人、传感器以及环境控制开发自定义插件。插件可以访问 Gazebo 的 API。
- **机器人模型**：Gazebo 提供当前主流的机器人模型，例如 PR2、Pioneer 2 DX、iRobot Create 和 TurtleBot。我们也可以构建自定义机器人模型。
- **TCP/IP 传输**：可以在远程计算机上运行仿真程序，通过 Gazebo 的接口运行基于套接字的消息传递服务。
- **云仿真**：使用 CloudSim 框架（http://cloudsim.io/）在云服务器上运行仿真程序。
- **命令行工具**：扩展的命令行工具可用来检查和记录仿真过程。

Gazebo 安装

Gazebo 安装后可以作为 ROS 的独立应用程序使用，也可以作为集成应用程序使用。在本章中，我们将在 ROS 中使用 Gazebo 进行机器人行为仿真，使用 ROS 框架测试编写的代码。

如果想自己尝试安装最新的 Gazebo 独立仿真器，可以按照 http://gazebosim.org/download 上给出的步骤进行安装。

我们不需要单独安装 Gazebo 和 ROS，因为 Gazebo 是内置于完整版的 ROS 桌面安装程序中的。

把 Gazebo 集成到 ROS 上的 ROS 软件包叫作 `gazebo_ros_pkgs`，就是在独立的 Gazebo 之外的包装器。该软件包为 Gazebo 环境下的机器人仿真提供了必要的接口，并通过使用 ROS 的消息服务实现。

使用下面的命令可以在 ROS Indigo 中完整安装 `gazebo_ros_pkgs`：

```
$ sudo apt-get install ros-kinetic-gazebo-ros-pkgs ros-kinetic-ros-control
```

在 ROS 接口测试 Gazebo

假定 ROS 的环境已配置完成，可以使用以下命令在启动 Gazebo 之前运行 `roscore`：

```
$ roscore
```

使用以下命令来通过 ROS 运行 Gazebo：

```
$ rosrun gazebo_ros gazebo
```

Gazebo 运行两个可执行文件，分别是 Gazebo 服务器和 Gazebo 客户端。Gazebo 服务器将执行仿真过程，Gazebo 客户端则运行 Gazebo 的 GUI。使用上面的命令，Gazebo 的服务器和客户端将并行运行。

Gazebo 的 GUI 屏幕截图如图 1-6 所示。

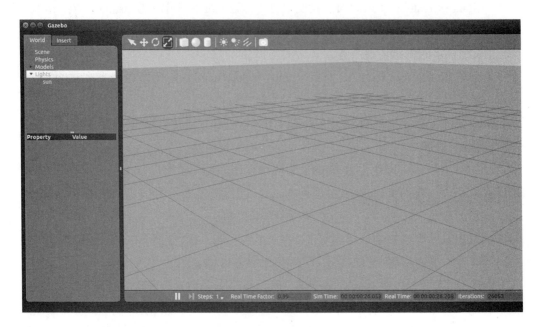

图 1-6   Gazebo 仿真器

运行 Gazebo 之后，将生成下列主题：

```
$ rostopic list
/gazebo/link_states
/gazebo/model_states
/gazebo/parameter_descriptions
/gazebo/parameter_updates
/gazebo/set_link_state
/gazebo/set_model_state
```

使用下面的命令，可以分别运行 Gazebo 的服务器和客户端：

- 运行 Gazebo 服务器：

$ rosrun gazebo_ros gzserver

- 运行 Gazebo 客户端：

$ rosrun gazebo_ros gzclient

1.3　本章小结

本章介绍了机器人操作系统（ROS），主要目的是让你了解什么是 ROS，它的功能，如何安装，ROS 中的基本概念以及如何使用 Python 编程。除此之外，还介绍了名为 Gazebo 的机器人仿真器，它可以和 ROS 一起工作。我们还介绍了如何安装和运行 Gazebo。下一章将介绍差分驱动机器人的基本概念。

1.4　习题

1. ROS 的重要功能是什么？
2. ROS 有哪些不同层次的概念？
3. 什么是 ROS catkin 构建系统？
4. ROS 的主题和消息是什么？
5. ROS 的计算图有哪些不同的概念？
6. ROS 控制器的主要功能是什么？
7. Gazebo 的重要功能是什么？

第 2 章

差分驱动机器人的基础知识

前一章介绍了 ROS 的基础知识，及如何安装 ROS 以及 Gazebo 机器人仿真器。正如我们已经提到过的，我们将从零开始创建自主轮式机器人。我们将要设计的差分驱动机器人，在机器人底盘的两边有两个轮子，使机器人可以通过改变两个轮子各自的速度来调整方向。

在对机器人进行编程前，最好先理解差分轮式机器人的基本概念和专有名词。本章将介绍如何用数学方法分析机器人，以及如何求解机器人的运动学方程。运动学方程可以帮助你通过传感器数据预测机器人的位置。

本章将涵盖以下主题：
- 差分驱动机器人的数学建模。
- 差分驱动机器人的正向运动学。
- 差分驱动机器人的逆向运动学。

2.1 数学建模

移动机器人的一个重要组成部分是转向系统。它将帮助机器人在环境中行走。差分驱动系统是最简单且性价比最高的一种转向系统。差分驱动机器人主要是由安装在同一个轴上的两个轮子组成的，每个轮子分别由单独的电机控制。差分驱动系统或转向系统是一个非完整系统，即意味着在其姿态改变时会产生一定的运动约束。

例如，汽车就是一个非完整运动约束系统，在不改变姿态的前提下，它是无法改变其位置的。下面，我们将介绍机器人的工作原理以及如何对机器人进行数学建模。

差分驱动系统和机器人运动学简介

机器人运动学研究的是在不考虑外力作用下机器人运动的数学模型。它主要分析受控系统的几何关系。机器人动力学则是研究机器人运动状态所涉及的所有外力的建模。

移动机器人或移动小车通过它的位姿（x，y，z，横滚角，俯仰角，偏航角）来表达 6 个**自由度（Degree of Freedom，DOF）**。这些 DOF 由位置（x，y，z）和姿态（横滚角，俯仰角，偏航角）构成。**横滚角**（roll）表示侧向旋转，**俯仰角**（pitch）表示前后旋转，而**偏航角**（yaw），也称为方向角或航向角，表示机器人在 x–y 平面的前进方向。差分驱动机器人在 x–y 水平面上移动，因此它的二维位姿主要由 x、y 和 θ 来表示，其中 θ 是机器人前进方向与 x 轴形成的夹角（见图 2-1）。以上信息可以充分地描述差分驱动机器人的位置和姿态。

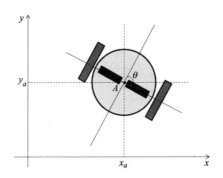

图 2-1   全局坐标系下机器人的位姿可以用 x、y 和 θ 表示

对差分驱动机器人，可以通过调整左右两边独立控制的电机速度对其运动进行控制，也就是说可以分别调整 V_{left} 和 V_{right} 两个参数进行控制。图 2-2 和图 2-3 显示了当前市场流行的一些差分驱动机器人。

图 2-2   机器人 Roomba（https://en. wikipedia. org/wiki/IRobot）

Roomba 系列自动吸尘器是 iRobot 公司的一款流行差分驱动机器人。

图2-3　Pioneer 3-DX（http://robots. ros. org/pioneer-3-dx/）

Pioneer 3-DX 是欧姆龙 Adept 移动机器人的流行差分驱动研究平台。

2.2　正向运动学

利用差分驱动机器人的正向运动学方程可以解决以下问题：

如果机器人在 t 时刻处于某一位置 (x, y, θ)，给定控制参数 V_{left}（简写为 V_l）和 V_{right}（简写为 V_r），确定 $t + \delta t$ 时刻的位姿 (x', y', θ')。

这种技术可以用于计算机器人按照特定轨迹运动的情况。

正向运动学方程的解释

我们先来看看正向运动学的一个示例方案。图 2-4 所示的是轮式机器人的一个轮子示意图。

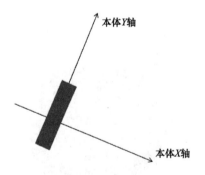

图2-4　机器人的一个轮子沿着本体 Y 轴转动

沿着 Y 轴所产生的运动被称为横滚。其余的可视为侧滑。假设在不产生侧滑的情况下，轮子完整地转完一圈，相当于走了 $2\pi r$ 的距离，其中 r 为轮子的半径。我们可以先假定运动在二维平面上进行，这也就意味着该平面必须是平坦无起伏的。

当机器人要滚动时，必须绕着左右轮同轴延长线上的一个点进行旋转。机器人旋转所围绕的这个点被称为**瞬时曲率中心**（**Instantaneous Center of Curvature，ICC**）。ICC 位于机器人的外面。图 2-5 显示了差分驱动机器人轮子的构造，并画出了瞬时曲率中心的相应位置。

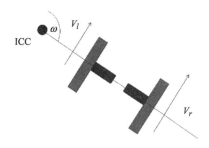

图 2-5　差分驱动机器人轮子的构造

机器人运动学方程推导的核心概念是机器人的角速度 ω。机器人的每个轮子都沿着轮子的圆周绕 ICC 旋转，轮子的半径为 r。

轮子的速度为 $v = 2\pi r / T$，其中，T 是轮子绕 ICC 转一圈所花费的时间。角速度 ω 等于 $2\pi / T$，单位为弧度（或度)/秒。结合方程 v 和 ω 得到 $\omega = 2\pi / T$，可以推断出线速度方程：

$$v = r\omega \tag{1}$$

差分驱动系统的详细模型如图 2-6 所示。

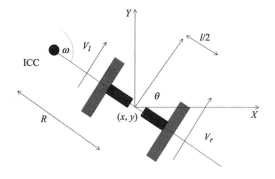

图 2-6　差分驱动系统的详细模型

如果将之前的方程同时用在两个轮子上，由于 ω 是相同的，那么：

$$\omega(R + l/2) = V_r \tag{2}$$

$$\omega(R - l/2) = V_l \tag{3}$$

其中，R 是从 ICC 到两轮轴距中点的距离，l 是两轮之间的轴长。求解 ω 和 R 可以得到：

$$R = l/2(V_l + V_r)/(V_r - V_l) \tag{4}$$

$$\omega = (V_r - V_l)/l \tag{5}$$

上面的方程是用于解决正向运动学问题的。假设机器人以角速度 ω 运动了 δt 秒（见图 2-7），它当前的方向角（或者说航向角）将变为：

$$\theta' = \omega\delta t + \theta \tag{6}$$

其中，围绕 ICC 旋转的中心点的坐标，可以由基本三角函数得到：

$$\mathrm{ICC} = (\mathrm{ICC}_x, \mathrm{ICC}_y) = (x - R\sin\theta, y + R\cos\theta) \tag{7}$$

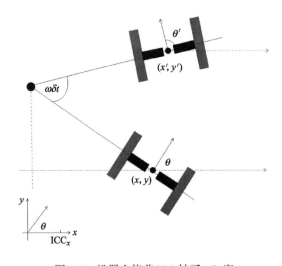

图 2-7   机器人绕着 ICC 转了 $\omega\delta t$ 度

给定起始位置点 (x, y)，则新的位置点 (x', y') 可以由二维旋转矩阵计算得到。以角速度 ω 绕着 ICC 转 δt 秒后，在 $t + \delta t$ 时刻的位置点可由下面的公式计算得到：

$$\begin{pmatrix} x' \\ y' \end{pmatrix} = \begin{pmatrix} \cos(\omega\delta t) & -\sin(\omega\delta t) \\ \sin(\omega\delta t) & \cos(\omega\delta t) \end{pmatrix} \begin{pmatrix} x - \mathrm{ICC}_x \\ y - \mathrm{ICC}_y \end{pmatrix} + \begin{pmatrix} \mathrm{ICC}_x \\ \mathrm{ICC}_y \end{pmatrix} \tag{8}$$

在给定 ω、δt 和 R 后，新的位姿 (x', y', θ') 可以由方程（6）和方程（8）

计算得到。ω 可以从方程（5）计算得到，但 V_r 和 V_l 很难通过精确测量得到。每个轮子的速度不能直接测得，而是要通过**轮速编码器**这种传感器测量才能获得。从轮速编码器获得的数据其实就是机器人的**里程计**数值。这类传感器被安装在轮轴上，轮子每向前转动一步（每一步大概 0.1mm）都会按顺序记录一个二进制信号。第 6 章将详细介绍轮速编码器的工作原理。将二进制信号输入计数器，这样 $v\delta t$ 就是从 t 时刻到 $t + \delta t$ 时刻所走过的距离。可以这样写：

$$n \times \text{step} = v\delta t$$

这样，我们就可以通过计算得到 v：

$$v = n \times \text{step}/\delta t \tag{9}$$

如果把方程（9）代入方程（3）和方程（4），可以得到：

$$R = l/2(V_l + V_r)/(V_r - V_l) = l/2(n_l + n_r)/(n_r - n_l) \tag{10}$$

$$\omega\delta t = (V_r - V_l)\delta t/l = (n_r - n_l) \times \text{step}/l \tag{11}$$

其中，n_l 和 n_r 分别为左右轮的编码器计数结果。V_l 和 V_r 分别为左右轮的速度。由此，机器人从当前位姿 (x, y, θ) 经过 δt 时间后，左右轮移动的总步数分别为 n_l 和 n_r，得到新的位姿 (x', y', θ')：

$$\begin{pmatrix} x' \\ y' \\ \theta' \end{pmatrix} = \begin{pmatrix} \cos(\omega\delta t) & -\sin(\omega\delta t) & 0 \\ \sin(\omega\delta t) & \cos(\omega\delta t) & 0 \\ 0 & 0 & 1 \end{pmatrix} \begin{pmatrix} x - \text{ICC}_x \\ y - \text{ICC}_y \\ \theta \end{pmatrix} + \begin{pmatrix} \text{ICC}_x \\ \text{ICC}_y \\ \omega\delta t \end{pmatrix} \tag{12}$$

其中，

$$R = l/2(n_l + n_r)/(n_r - n_l) \tag{13}$$

$$\omega\delta t = (n_r - n_l) \times \text{step}/l \tag{14}$$

$$\text{ICC} = (x - R\sin\theta, y + R\cos\theta) \tag{15}$$

以上推导出的运动学方程与机器人的设计和几何结构有很大关系。不同的设计方案导出的动力学方程也不相同。

2.3　逆向运动学

给定轮速，上述正向运动学方程能够提供实时更新的位姿。现在，我们来介绍逆向运动学问题。

t 时刻机器人的位姿为 (x, y, θ)，确定控制参数 V_{left} 和 V_{right} 使 $t + \delta t$ 时刻的位姿为 (x', y', θ')。

对于差分驱动机器人，因为不能通过简单设定轮子的速度就让机器人移动到任意指定的位姿，所以逆向运动学问题一直没有比较好的解决方案。这是由于非完整机器人约束所导致的问题。

在非完整机器人的约束控制中，如果可以给定一系列（V_{left}，V_{right}），就可以采用一些方法来增加被约束机器人的移动性。我们将数值代入方程（12）和方程（15），可以确定一些特定的运动以方便编程：

- 如果 $V_{\text{right}} = V_{\text{left}} \Rightarrow n_r = n_l \Rightarrow R = \infty$，$\omega\delta T = 0$，这意味着机器人是直线移动的，$\theta$ 不变。

- 如果 $V_{\text{right}} = -V_{\text{left}} \Rightarrow n_r = -n_l \Rightarrow R = 0$，$\omega\delta t = 2n_l \times \text{step}/l$ 且 ICC =（ICC_x，ICC_y）=（x，y）$\Rightarrow x' = x$，$y' = y$，$\theta' = \theta + \omega\delta t$，这意味着机器人原地绕着 ICC 旋转，也就是说，（x，y）不变，θ 可以取任意值。

结合这些操作，采用以下步骤可以让机器人从初始位姿移动到任意目标位姿：

（1）调整机器人的朝向，直到机器人朝向与初始位置到目标位置的连线方向一致，$V_{\text{right}} = -V_{\text{left}} = V_{\text{rot}}$。

（2）沿着当前方向直行，直至到达目标位置，$V_{\text{right}} = V_{\text{left}} = V_{\text{ahead}}$。

（3）调整机器人的朝向，直至与目标方向一致，$V_{\text{right}} = -V_{\text{left}} = V_{\text{rot}}$。其中，$V_{\text{rot}}$ 和 V_{ahead} 可以取任意值。

在接下来的章节中，我们将介绍如何使用 ROS 实现机器人的运动学方程。

2.4 本章小结

本章介绍了差分驱动机器人的基本概念和如何推导这种机器人的运动学方程。在本章的开始，我们介绍了差分驱动机器人的基础知识，然后讨论了这些机器人中使用的正向运动学方程，并解释了这些方程。之后，我们介绍了差分驱动机器人的逆向运动学方程。我们还介绍了逆向运动学方程的基础知识。

下一章将介绍如何使用 ROS 和 Gazebo 创建自主移动机器人的仿真。

2.5 习题

1. 什么是完整构型和非完整构型？
2. 机器人的运动学和动力学是什么？
3. 差分驱动机器人的 ICC 是什么？
4. 差分机器人的正向运动学方程是什么？
5. 差分机器人的逆向运动学方程是什么？

2.6　扩展阅读

有关运动学方程的更多信息，请参考 http：//www8. cs. umu. se/ ~ thomash/reports/KinematicsEquationsForDifferentialDriveAndArticulatedSteeringUMINF – 11. 19. pdf。

第 3 章

差分驱动机器人的建模

在本章中，我们将介绍如何对差分驱动机器人建模，并在 ROS 中创建该机器人的 URDF 模型。我们将要设计的机器人的主要功能是在酒店和餐厅中提供餐食和饮料。我们将机器人命名为 ChefBot。我们将在本章介绍 ChefBot 的完整建模过程。

我们将介绍该机器人的各种机械部件的 CAD 设计以及组装方法。我们将介绍这个机器人的 2D 和 3D CAD 设计，并探讨如何创建其 URDF 模型。

酒店里使用的机器人一般会比较大，但在本书中，我们打算搭建一个微缩版本，仅用于软件测试。如果你有兴趣从头开始搭建机器人，那么本章的内容非常适合你。如果你不打算从头搭建，可以选择市场上已有的机器人平台（如 Turtlebot）配合本书一起使用。

要搭建机器人的硬件部分，首先需要了解对机器人的要求。知道了要求后才能对它进行结构设计，用 CAD 软件工具画出它的 2D 模型，然后再对它的每个零件进行制造加工。3D 建模将帮助我们对机器人的外貌有更多了解。3D 建模后，就可以将该设计成果转换为可与 ROS 一起使用的 URDF 模型。

本章将涵盖以下主题：

- 根据给定的规范设计机器人参数。
- 使用 LibreCAD 设计二维机器人本体部件。
- 使用 Blender 和 Python 设计 3D 机器人模型。
- 创建 ChefBot 的 URDF 模型。
- 在 Rviz 中可视化 ChefBot 模型。

3.1 技术要求

要测试本章中的应用程序和代码，你的计算机中需要安装 Ubuntu 16.04 LTS 环境下的 ROS Kinetic。

3.2 服务机器人的设计要求

在设计任何机器人系统前，首先要确定系统的要求。以下是本机器人需要满足的一组机器人设计要求。包括硬件和软件要求：

- 机器人必须能够运送食物。
- 机器人的最大有效载荷为 2kg。
- 机器人的行走速度在 0.25～0.35m/s 之间。
- 机器人的离地间隙必须大于 3cm。
- 机器人必须能连续工作 2 个小时。
- 机器人必须能够避开障碍，将食物送到任意一个桌子上。
- 机器人的高度必须在 80～100cm 之间。
- 机器人必须是低成本的（少于 500 美元）。

现在有了机器人的设计要求，如有效载荷、速度、离地间隙、高度、成本，以及机器人要实现的功能，我们可以设计一个机器人本体，并选择符合上述要求的部件。

下面我们将介绍要选用什么样的机械装置来满足机器人的这些要求。

3.3 机器人的传动装置

移动机器人导航中性价比较高且有效的解决方案之一就是采用差分驱动系统。对于移动机器人室内导航来说，这是一种最简单的传动装置。这种**差分驱动机器人**是由两个安装在同轴上的轮子组成的，两个轮子分别由两个独立的电机控制，其上有两个被称为脚轮的支撑轮，这样能够确保机器人的重心分布和稳定性。图 3-1 画出了典型的差分驱动系统。

下一步是选择这个机器人差分系统的机械零部件，主要是电机、轮子和机器人的底盘。根据要求，我们首先来看如何选择电机。

3.3.1 选择电机和轮子

在了解了电机的规格参数后，才可以选择电机。其中，电机的转速和扭矩是两个非常重要的参数。我们可以从给定的要求中计算出它们的参数值。

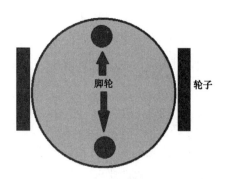

图 3-1   差分驱动机器人

电机转速计算

这个机器人所需的速度范围是 0.25 ~ 0.35m/s。在设计时，可以取最大速度 0.35m/s。假设轮子的直径是 9cm，根据要求可知离地间隙要大于 3cm，我们将机器人本体固定在与电机轴相同的高度，这样才能得到更大的离地间隙。

使用下列方程，我们能够计算电机的转速：

转速 = (60 × 速度)/(3.14 × 轮子的直径)

转速 = (60 × 0.35)/(3.14 × 0.09) = 21/0.2826 = 74r/min

 计算方式也可参阅 http://www.robotshop.com/blog/en/vehicle-speed-rpm-and-wheel-dia meter-finder-9786。

当机器人行走速度为 0.35m/s 且轮子直径为 9cm 时，计算得到的转速为 74r/min。因此，我们可以考虑设定 80r/min 为标准值。

电机扭矩计算

接下来，我们将介绍如何根据要求计算机器人移动所需要的电机扭矩：

（1）轮子数为 4，包括 2 个脚轮。

（2）电机数为 2。

（3）假设摩擦系数为 0.6，轮子的半径为 4.5cm。

（4）机器人的总重量 = 机器人的重量 + 载荷 ≈ 100N + 20N = 120N，由于重量 = 质量 × 重力加速度（$W = mg$），因此总质量 = 12kg。

（5）重量分布到 4 个轮子上，可以写成 $2N_1 + 2N_2 = W$，其中，N_1 是分布到每个脚轮上的重量，N_2 是分布到每个电机驱动的轮子上的重量。

（6）假设机器人处于静止状态。当机器人开始移动时需要的扭矩最大，因为它必须克服地面摩擦力。

（7）在机器人移动前，我们可以认为机器人的扭矩全都用来克服摩擦力。在这样的设定条件下，我们可以得到最大扭矩：

- $\mu Nr - T = 0$，其中 μ 表示摩擦系数，N 表示作用在每个轮子上的平均重量，r 表示轮子的半径，T 表示扭矩。
- $N = W/2$（机器人只有两个驱动轮子，所以取 $N = W/2$ 来计算最大扭矩）。
- 因此，可以得到：$0.6 \times (120/2) \times 0.045 - T = 0$
- 所以，$T = 1.62\mathrm{N \cdot m}$ 或 $16.51\mathrm{kg \cdot cm}$。

3.3.2　设计小结

设计完成后，我们计算以下参数并四舍五入为目前市场上现有的标准电机规格。

- 电机转速等于 80r/min（四舍五入为标准值）。
- 电机扭矩等于 $18\mathrm{kg \cdot cm}$。
- 轮子直径等于 9cm。

3.3.3　机器人底盘设计

计算完机器人的电机和轮子参数后，我们可以开始设计机器人底盘，或者叫作机器人本体的部分。根据设计要求，机器人底盘要能够存放食物，必须能够承受5kg的有效载荷，离地间隙应该大于3cm，且成本要低。除此之外，机器人底盘上还要有放置电子器件（如 PC、传感器和电池）的空间。

有一种最简单的设计能满足这些要求，就是多层架构，如 TurtleBot 2（http://www.turtlebot.com/）。它的底盘部分可以分为 3 层。被称为 Kobuki（http://kobuki.yujinrobot.com/about2/）的机器人平台就是该平台的主要传动装置。Roomba平台有内置的电机和传感器，所以无须担心传动系统的设计。图 3-2 展示了机器人TurtleBot 2 的底盘。

我们将设计一个类似于 TurtleBot 2 的机器人，它有自己的移动平台和组件，也有 3 层架构。那么，来看看开始设计之前都需要哪些工具。

在开始设计机器人的底盘之前，我们需要计算机辅助设计（CAD）工具。目前广泛流行的 CAD 工具有：

- SolidWorks(http://www.solidworks.com/default.html)。
- AutoCAD（http://www.autodesk.com/products/autocad/overview）。

图 3-2   TurtleBot 2 机器人（http://robots. ros. org/turtlebot/）

- Maya（http://www. autodesk. com/products/maya/overview）。
- Inventor（http://www. autodesk. com/products/inventor/overview）。
- SketchUp（http://www. sketchup. com/）。
- Blender（http://www. blender. org/download/）。
- LibreCAD（http://librecad. org/cms/home. html）。

底盘设计可以使用以上你熟悉的任何一款工具软件进行。在本书中，我们将使用 **LibreCAD** 设计二维模型，使用 **Blender** 设计三维模型。以上这些应用软件有一个亮点，即它们全部都是免费的，而且适用于所有的操作系统。我们将使用名为 **MeshLab** 的 3D 网格显示软件来查看所设计的三维模型，并使用 Ubuntu 作为主要的操作系统。同时，我们还可以了解这些应用软件在 Ubuntu 16. 04 操作系统上的安装过程和使用它们进行设计的过程。我们也会提供这些应用软件在其他平台上的安装教程链接。

3. 4   安装 LibreCAD、Blender 和 MeshLab

LibreCAD 是一个免费、开源的 2D 计算机辅助设计应用程序，可用于 Windows、OS X 和 Linux 操作系统。Blender 是一个免费、开源的 3D 计算机图形软件，用于创建三维模型、动画和视频游戏。它带有 GPL 许可证，用户可以共享、修改和分发该应用程序。MeshLab 是一个开源的、可移植的、可扩展的系统，用于编辑和处理非结构化的 3D 三角网格模型。

下面提供了在 Windows、OS X 和 Linux 操作系统下 LibreCAD 的安装程序链接：

- 访问 http://librecad. org/cms/home. html 下载 LibreCAD 安装程序。
- 访问 http://librecad. org/cms/home/from-source/linux. html 从源代码构建 Li-breCAD。
- 访问 http://librecad. org/cms/home/installation/linux. html 在 Debian/Ubuntu 下安装 LibreCAD。
- 访问 http://librecad. org/cms/home/installation/rpm-packages. html 在 Fedora 下安装 LibreCAD。
- 访问 http://librecad. org/cms/home/installation/osx. html 在 OS X 下安装 LibreC-AD。
- 访问 http://librecad. org/cms/home/installation/windows. html 在 Windows 下安装 LibreCAD。

 LibreCAD 的说明文档的网址为 http://wiki. librecad. org/index. php/Main_Page.

3.4.1 安装 LibreCAD

上面已经提供了所有操作系统下的安装程序和安装过程。Ubuntu 用户也可以直接从 Ubuntu 软件中心进行安装。

如果使用的是 Ubuntu，请使用以下命令安装 LibreCAD：

```
$ sudo add-apt-repository ppa:librecad-dev/librecad-stable
$ sudo apt-get update
$ sudo apt-get install librecad
```

3.4.2 安装 Blender

访问下载页面 http://www. blender. org/download/，在你的操作系统平台下安装 Blender。在那里可以找到最新版本的 Blender。同时，还可以从 http:// wiki. blender. org/中找到 Blender 的最新文档。

如果使用的是 Ubuntu/Linux 操作系统，可以使用以下命令直接安装 Belender 或 Ubuntu 软件中心直接安装 Blender：

```
$ sudo apt-get install blender
```

3.4.3 安装 MeshLab

MeshLab 适用于所有的操作系统平台。网址 http://meshlab. sourceforge. net/提供了预编译的二进制文件和 MeshLab 的源代码。

如果是 Ubuntu 用户，可以使用以下命令从 apt 软件包管理器安装 MeshLab：

```
$sudo apt-get install meshlab
```

3.5 用 LibreCAD 生成机器人的二维 CAD 图

我们来看 LibreCAD 的主界面，如图 3-3 所示。

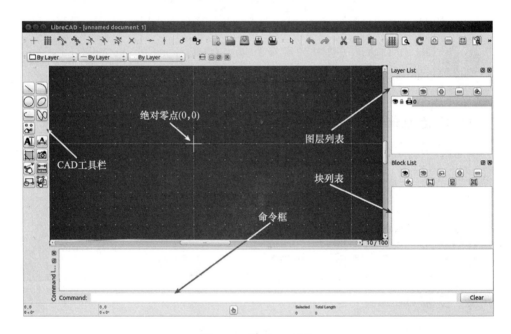

图 3-3 LibreCAD 工具

CAD 工具栏有绘制模型必不可少的组件，图 3-4 展示了 CAD 工具栏的具体组成。

LibreCAD 工具栏的详细说明参见网址 http://wiki. librecad. org/index. php/LibreCAD_users_Manual。

以下是对每种工具的简短说明：

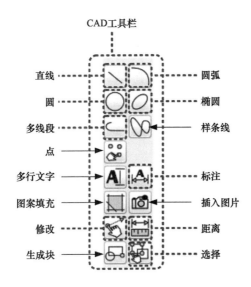

图 3-4　CAD 工具栏组成（http://wiki. librecad. org/）

- **命令框**：用于只通过命令来绘制图形。不用任何工具栏上的按钮也能绘制图形。命令框的详细使用说明参见 http://wiki. librecad. org/index. php/Commonds。
- **图层列表**：当前绘制窗口的图层面板。计算机辅助绘图的一个基本原理就是利用图层组织图形绘制。关于图层面板的详细说明参见 http://wiki. librecad. org/index. php/Layers。
- **块**：一组实体，可以被设定成不同位置、大小和旋转角度，并将其多次嵌入到同一个图形中。关于块的详细说明参见 http://wiki. librecad. org/index. php/Blocks。
- **绝对零点**：绘制图形的原点坐标（0，0）。

现在，通过设置绘图单位开始绘制草图。绘图单位设置为厘米（cm）。打开 LibreCAD 软件，找到 **Edit | Application Preferences** 选项，将 **Unit**（单位）设置为 **Centimeter**（cm），如图 3-5 所示。

接下来，我们开始机器人的底座设计。底座按要求需能够放置电池，并连接电机和控制板。

3.5.1　底座设计

机器人的底座如图 3-6 所示。底座上画出了两个差分驱动电机（M1 和 M2）和前后两个脚轮的位置（C1 和 C2）。还有 4 个连接杆的位置：P1 - 1、P1 - 2、P1 - 3

和 P1－4，用于两层之间的连接。螺丝的位置用 S 表示，这里所用的螺丝型号都是相同的。底座的中心开了一个洞，专门用于底座电机的走线，它可以一直连到顶层的控制中心。底座的左右两边各开了一个凹槽，用于放置两边的差分驱动轮，并方便连接到驱动电机。底座中心到前后两个脚轮的距离均是 12.5cm，到两个驱动电机的距离均是 5.5cm。4 个连接杆中心在长和高方向到底座中心的距离均为 9cm。底座、中间层和顶层上打孔的尺寸都一样。

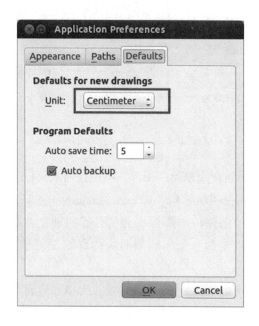

图3-5　绘图单位设置

图3-6 中未标出的每个孔的尺寸，其尺寸如表3-1 所示。

表3-1　底座各孔尺寸

部件名称	尺寸（cm）
M1 和 M2	5×4（长×高）
C1 和 C2	1.5（半径）
S（螺丝）	0.15（半径）
P1－1、P1－2、P1－3、P1－4	0.7（外径）、3.5（长度）
左、右轮的凹截面	2.5×10（长×高）
底座	15（半径）

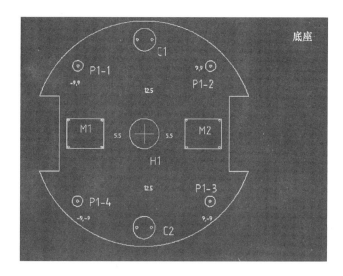

图 3-6　底座设计

我们稍后将详细讨论电机和电机夹具的尺寸。

3.5.2　底座连接杆设计

底座上有 4 个连接杆，可连接到中间层。连接杆长 3.5cm，半径为 0.7cm。我们可以选用空心管将连接杆延长到中间层。在空心管的顶部，再插入一块硬塑料板，打一个螺丝孔。通过该螺丝孔，将其延长到顶层。底座上的连接杆和空心管的尺寸如图 3-7 所示。空心管的半径为 0.75cm，长度为 15cm。

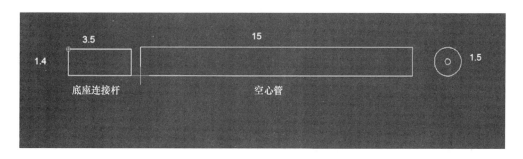

图 3-7　15cm 空心管的设计

3.5.3　轮子、电机和电机夹具设计

必须确定轮子的直径，并计算电机的参数。这里，我们可以采用图 3-8 所示的典型轮子和电机设计方案，看看是否有效。

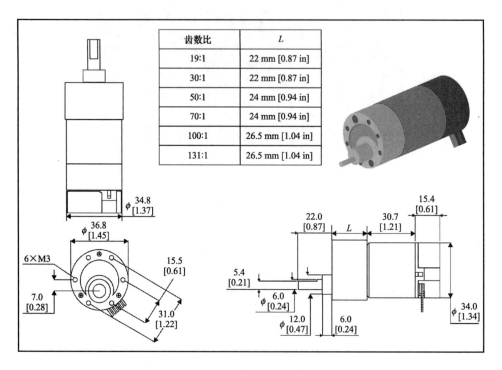

齿数比	L
19:1	22 mm [0.87 in]
30:1	22 mm [0.87 in]
50:1	24 mm [0.94 in]
70:1	24 mm [0.94 in]
100:1	26.5 mm [1.04 in]
131:1	26.5 mm [1.04 in]

图 3-8　机器人的电机设计

电机的设计因电机的选择而有所不同，如果有必要，电机的设计方案可以根据仿真结果再进行修改。电机图中的 L 值根据电机的速度和扭矩而改变。它是电机的齿轮传动装置。

图 3-9 给出了一个典型的轮子设计图，轮子的直径为 90mm。虽然图上画出的直径只有 86.5mm，但套上握杆后就会变成 90mm 了。

电机安装在底座上需要一个夹具，我们要先将夹具固定在底座上，然后将电机安装到夹具上。图 3-10 给出了一种典型的夹具设计图，可以为我们所用。这是一个 L 型夹具，可以将电机固定在夹具的一侧，夹具另一侧固定在底座上。

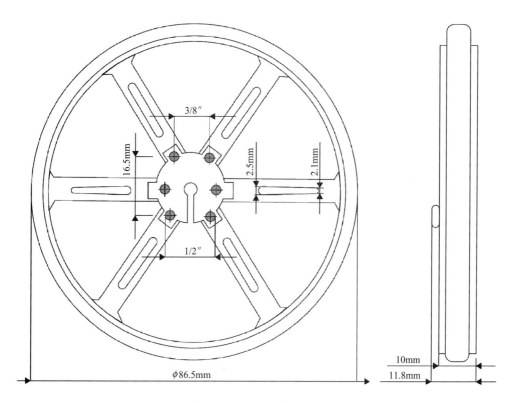

图 3-9　机器人的轮子设计

3.5.4　脚轮设计

脚轮不需要进行特别的设计，可以使用任何能够接触到地面的脚轮，与之前的轮子类似。我们这次设计中可用的脚轮集合请参见 http://www.pololu.com/category/45/pololu-ball-casters。

3.5.5　中间层设计

中间层圆盘的尺寸和底座圆盘的尺寸一样，包括螺丝的尺寸也类似，如图 3-11 所示。

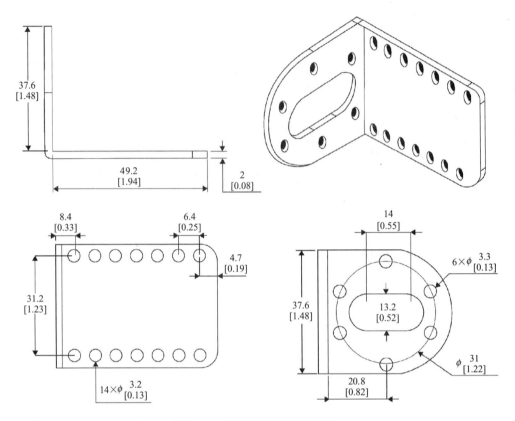

图 3-10　机器人的典型夹具设计

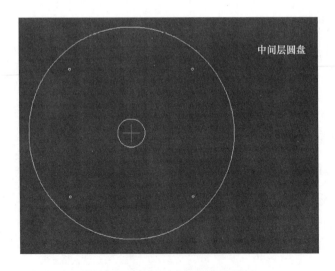

图 3-11　机器人中间层圆盘的设计

中间层的圆盘由来自底座的空心管支撑。这样，从中间层再向上延伸空心管，连接到顶层的圆盘。中间层圆盘的空心管底部有螺丝，可以与底座的空心管固定在一起，并留有孔位以连接到顶层。从中间层延伸上来的空心管的侧视图和俯视图如图3-12所示。

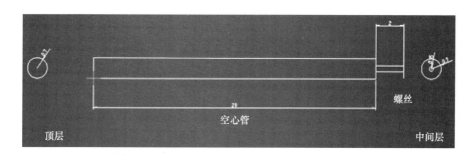

图 3-12　20cm 空心管设计

该空心管连接了底座和中间层，同时向上延伸连接到顶层。

3.5.6　顶层设计

顶层圆盘的设计与其他两层类似，有 4 个 3cm 长的与底座的连接杆相似的连接杆，用来加固从中间层延伸上来的空心管。这 4 个连接杆与顶层圆盘本身相连，如图 3-13 所示。

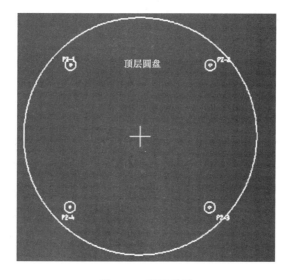

图 3-13　顶层设计

顶层圆盘设计完之后，机器人底盘设计已基本完成。接下来，我们用 Blender 软件来显示机器人的三维模型，三维模型主要用于三维仿真，二维的平面设计主要用于机械制造。

3.6 用 Blender 制作机器人的三维模型

在这一节中，我们将设计机器人的三维模型。三维模型主要用来进行三维仿真，建模采用 Blender 工具软件进行。Blender 的版本必须在 V2.6 以上，因为目前我们只在 V2.6 以上版本中测试过。

Blender 软件主界面的工作区和用于三维建模的工具栏如图 3-14 所示。

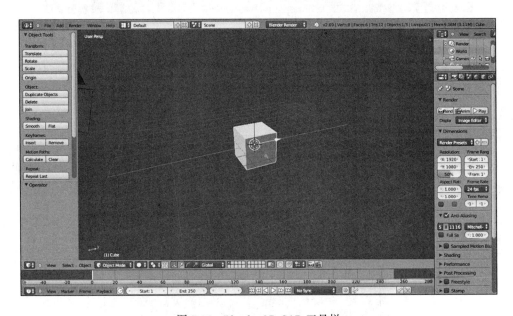

图 3-14　Blender 3D CAD 工具栏

我们选择用 Blender 的主要原因是，它可以用 Python 脚本进行机器人的三维建模。Blender 有一个内置的 Python 解释器和脚本编辑器，可用于代码编写。这里，我们就先不讨论 Blender 的用户界面了，其详细教程参见 http://www.blender.org/support/tutorials/。

下面，我们来用 Python 在 Blender 中对机器人进行三维建模。

3.6.1 在 Blender 中编写 Python 脚本

Blender 软件主要是用 C、C++ 和 Python 语言编写的。用户可以编写自己的

Python 脚本，调用 Blender 中的所有功能函数。如果你非常精通 Blender Python API 接口，那么完全可以通过编写 Python 脚本构造机器人模型，代替通过人工拖曳工具栏上的工具软件进行建模。

Blender 使用 Python3. x. Blender 版本。Python API 大部分都比较稳定，但有些地方的功能仍需要补充和改进。详细的 Blender Python API 文档可参见 http://www. blender. org/documentation/blender_python_api_2_69_7/。

下面，我们简单介绍一下机器人模型脚本中将使用的 Blender Python API。

3. 6. 2 Blender Python API

Blender 中的 Python API 能够完成绝大部分的功能，能完成的工作主要有以下几项：

- 编辑 Blender 中的任何数据，例如场景、网格、单点数据等。
- 修改用户偏好设置、索引图及界面主题。
- 创建新的 Blender 工具。
- 用 Python 编写 OpenGL 命令，绘制三维视图。

Blender 给 Python 解释器提供了一个 bpy 模块，该模块可以导入 Python 脚本，并允许访问 Blender 中的数据、类和函数。Python 脚本必须导入该模块，才能处理 Blender 中的数据。bpy 中所用到的 Python 模块有以下几种：

- **上下文访问**：允许从 bpy. context 脚本访问 Blender 用户界面功能。
- **数据访问**：允许访问 Blender 内部数据（bpy. data）。
- **运算符**：允许 Python 访问调用运算符，其中包括 C、Python 和 Macros 的运算符（bpy. ops）。

为了在 Blender 中切换到脚本编辑状态，需要改变 Blender 的界面布局。图 3-15 中用方框标明的选项，可以帮你很容易地切换到"**脚本编辑**"（Scripting）的界面状态。

在切换到"**脚本编辑**"状态之后，在 Blender 中可以看到一个文本编辑器和 Python 的 console 窗口。在文本编辑器中，我们可以通过 Blender API 进行代码编写，也可以尝试通过 Python 的 console 进行 Python 命令操作。单击"**新建**"（New）按钮，创建一个新的 Python 脚本，并命名为 robot. py。现在，我们可以仅通过 Python 脚本对机器人进行三维建模。接下来将介绍包含对机器人进行三维建模的完整脚本的设计过程。在运行之前，我们先来介绍代码编写过程。希望在此之前，你已经从网站上了解过 Blender 中提供的 Python API 设置。下一节的代码分成 6 个 Python 函数，用于绘制机器人的底座、中间层和顶层以及机器人的电机和轮子、4 个支撑管，最后将它们输出形成立体平版印刷（STereoLithography，**STL**）的三维文件格式，用于模型的仿真。

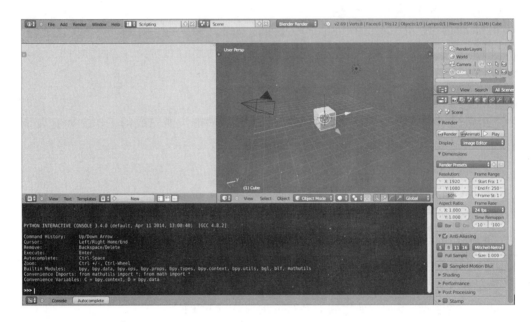

图 3-15　Blender 脚本编辑选项

3.6.3　机器人模型的 Python 脚本

我们通过下面的步骤来介绍在机器人建模过程中，如何一步步编写 Python 脚本：

（1）在开始编写 Python 脚本之前，必须在 Blender 中先导入 bpy 模块。bpy 模块包含 Blender 中所有的功能，并且只能通过 Blender 应用程序进行内部访问：

```
import bpy
```

（2）下面的函数将绘制机器人的底座。它将绘制一个半径为 5cm 的圆柱体，在它的两侧削去一部分，用于机器人电机的连接，连接状态在 Blender 中可以用布尔型修饰符表示：

```
#This function will draw base plate
def Draw_Base_Plate():
```

（3）在底座的两边创建两个半径为 0.05m 的立方体。创建这两个立方体是为了从底座上抠掉这样的两个立方体。这样，就会得到两边有凹槽的底座。之后，将之前创建的两个立方体删除，该过程的代码如下：

```
bpy.ops.mesh.primitive_cube_add(radius=0.05,
location=(0.175,0,0.09))bpy.ops.mesh.primitive_cube_add(radius=0.05
,
        location=(-0.175,0,0.09))

    #####################################################
    #####################################################

    #Adding base plate
bpy.ops.mesh.primitive_cylinder_add(radius=0.15,
        depth=0.005, location=(0,0,0.09))

    #Adding boolean difference modifier from first cube

bpy.ops.object.modifier_add(type='BOOLEAN')
bpy.context.object.modifiers["Boolean"].operation =
        'DIFFERENCE'bpy.context.object.modifiers["Boolean"].object =
 bpy.data.objects["Cube"]
bpy.ops.object.modifier_apply(modifier="Boolean")

    #####################################################
    #####################################################

    #Adding boolean difference modifier from second cube

bpy.ops.object.modifier_add(type='BOOLEAN')
bpy.context.object.modifiers["Boolean"].operation =
        'DIFFERENCE'bpy.context.object.modifiers["Boolean"].object =
 bpy.data.objects["Cube.001"]
bpy.ops.object.modifier_apply(modifier="Boolean")

    #####################################################
     #####################################################

    #Deselect cylinder and delete cubes
bpy.ops.object.select_pattern(pattern="Cube")
bpy.ops.object.select_pattern(pattern="Cube.001")
bpy.data.objects['Cylinder'].select = False
bpy.ops.object.delete(use_global=False)
```

（4）绘制机器人底座上的电机和轮子：

```
#This function will draw motors and wheels
def Draw_Motors_Wheels():
```

（5）绘制轮子，即绘制一个半径为 0.045m、高为 0.01m 的圆柱体。轮子生成后，将其旋转到合适的角度，放置在底座两边的凹槽处：

```
#Create first Wheel

bpy.ops.mesh.primitive_cylinder_add(radius=0.045,
    depth=0.01, location=(0,0,0.07))
    #Rotate
bpy.context.object.rotation_euler[1] = 1.5708
    #Transalation
bpy.context.object.location[0] = 0.135

    #Create second wheel
bpy.ops.mesh.primitive_cylinder_add(radius=0.045,
    depth=0.01, location=(0,0,0.07))
    #Rotate
bpy.context.object.rotation_euler[1] = 1.5708
    #Transalation
bpy.context.object.location[0] = -0.135
```

（6）在底座上添加两个虚拟的电机。电机的二维设计尺寸前面已经提到过。电机形状大致就是圆柱体形状，将其旋转到合适的角度，放置在底座上：

```
#Adding motors

bpy.ops.mesh.primitive_cylinder_add(radius=0.018,
 depth=0.06, location=(0.075,0,0.075))
bpy.context.object.rotation_euler[1] = 1.5708

bpy.ops.mesh.primitive_cylinder_add(radius=0.018,
 depth=0.06, location=(-0.075,0,0.075))
bpy.context.object.rotation_euler[1] = 1.5708
```

（7）在电机上添加电机轴，类似于电机模型。电机轴也可以看作一个圆柱体，将其旋转合适的角度，插入电机模型中：

```
#Adding motor shaft
bpy.ops.mesh.primitive_cylinder_add(radius=0.006,
 depth=0.04, location=(0.12,0,0.075))
bpy.context.object.rotation_euler[1] = 1.5708

bpy.ops.mesh.primitive_cylinder_add(radius=0.006,
 depth=0.04, location=(-0.12,0,0.075))
bpy.context.object.rotation_euler[1] = 1.5708


#########################################################
#########################################################
```

（8）在底座上添加两个脚轮。这里我们用圆柱体代替轮子，在仿真的时候，可以把它指定为轮子：

```
#Adding Caster Wheel

bpy.ops.mesh.primitive_cylinder_add(radius=0.015,
    depth=0.05,
location=(0,0.125,0.065))bpy.ops.mesh.primitive_cylinder_add(radius
=0.015,
    depth=0.05, location=(0,-0.125,0.065))
```

（9）添加一个虚拟的 Kinect 传感器：

```
#Adding Kinect

bpy.ops.mesh.primitive_cube_add(radius=0.04,
    location=(0,0,0.26))
```

（10）绘制机器人的中间层圆盘：

```
#Draw middle plate
def Draw_Middle_Plate():
bpy.ops.mesh.primitive_cylinder_add(radius=0.15,
    depth=0.005, location=(0,0,0.22))

#Adding top plate
def Draw_Top_Plate():
bpy.ops.mesh.primitive_cylinder_add(radius=0.15,
    depth=0.005, location=(0,0,0.37))
```

（11）绘制连接底座、中间层和顶层的 4 个支撑空心管：

```
#Adding support tubes
def Draw_Support_Tubes():
###################################################################
#########################

    #Cylinders
bpy.ops.mesh.primitive_cylinder_add(radius=0.007,
    depth=0.30,
location=(0.09,0.09,0.23))bpy.ops.mesh.primitive_cylinder_add(radiu
s=0.007,
    depth=0.30,
location=(-0.09,0.09,0.23))bpy.ops.mesh.primitive_cylinder_add(radi
us=0.007,
    depth=0.30,
location=(-0.09,-0.09,0.23))bpy.ops.mesh.primitive_cylinder_add(rad
ius=0.007,
    depth=0.30, location=(0.09,-0.09,0.23))
```

（12）将设计好的机器人输出成 STL 格式文件。在执行脚本命令之前，要更改 STL 文件的路径：

```
#Exporting into STL
def Save_to_STL():
bpy.ops.object.select_all(action='SELECT')
#    bpy.ops.mesh.select_all(action='TOGGLE')

  bpy.ops.export_mesh.stl(check_existing=True,
    filepath="/home/lentin/Desktop/exported.stl",
    filter_glob="*.stl", ascii=False,
    use_mesh_modifiers=True, axis_forward='Y',
    axis_up='Z', global_scale=1.0)

  #Main code

  if __name__ == "__main__":
  Draw_Base_Plate()
  Draw_Motors_Wheels()
  Draw_Middle_Plate()
  Draw_Top_Plate()
  Draw_Support_Tubes()
  Save_to_STL()
```

（13）在文本编辑器中键入代码之后，通过点击"**运行脚本**"（Run Script）按钮执行该脚本，如图 3-16 所示。输出的三维模型会在 Blender 的 3D 视图窗口显示。同时，如果认真查看桌面，可以看到用于仿真的 exported.stl 文件。

图 3-16　执行脚本后的屏幕截图

（14）exported.stl 文件可以用 MeshLab 软件打开，图 3-17 是 MeshLab 的屏幕截图。

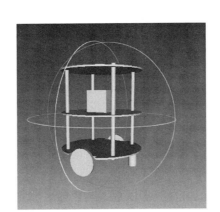

图 3-17　MeshLab 中 ChefBot 的三维模型

3.7　创建机器人的 URDF 模型

ROS 下机器人模型的软件包有很多，使用它们可以对各式各样的机器人进行建模，对于模型的描述有固定的机器人描述格式（Robot Description Format，RDF），它们都存储在 XML 文件中。该堆栈的核心包是 URDF，它的作用是解析 URDF 文件，并构建机器人对象模型。

统一机器人描述格式（Unified Robot Description Format，URDF）是 XML 格式说明，用来描述机器人模型。我们可以用 URDF 来描绘机器人的下列特性：

- 机器人的运动学和动力学描述。
- 机器人的可视化表示。
- 机器人的碰撞模型。

机器人的描述是由一系列连接件、部件和关节组成的，这些关节能够把不同的连接件组合在一起。典型的机器人描述如下面的代码所示：

```
<robot name="chefbot">
<link> ... </link>
<link> ... </link>
<link> ... </link>

<joint>  ....  </joint>
<joint>  ....  </joint>
<joint>  ....  </joint>
</robot>
```

如果想了解更多有关 URDF 的信息，可以参见 http://wiki. ros. org/urdf 和 http://wiki. ros. org/urdf/Tutorials。

xacro（XML 宏）是一种 XML 格式的计算机宏语言。有了 xacro，我们可以创建更简短且可读性更强的 XML 文件。可以在 URDF 下使用 xacro 来简化 URDF 文件。如果要添加 xacro 到 URDF，需要调用另外的解析程序将 xacro 转换为 URDF。

有关 xacro 的更多介绍，可以参见 http://wiki. ros. org/xacro。

robot_state_publisher 可以将机器人的状态发布到 tf（http://wiki. ros. org/tf）上。该节点读取名为 robot_description 的 URDF 参数，并从名为 joint_states 的主题中读取机器人的关节角作为输入，并且通过机器人的运动学树模型计算得出机器人连接件的 3D 位姿，进行发布。这个软件包可以看作一个库，或者看作一个 ROS 节点。该包已经经过测试，且代码稳定可靠。

- world 文件：这些文件表示 Gazebo 环境，会跟机器人模型一起加载。empty. world 和 playground. world 是 Gazebo world 文件示例。empty. world 只包含空白空间，而 playground. world 表示环境中会有一些静态对象。我们可以用 Gazebo 创建自己的 * . world 文件。我们将在下一章中进一步介绍 Gazebo 的 world 文件。
- CMakeList. txt 和 package. xml：这些文件是在创建软件包的时候一起创建的。在软件包内，CMakeList. txt 文件帮助构建 ROS C++ 节点或库，package. xml 文件内列出了这个包的所有依赖项。

创建 ChefBot 描述的 ROS 软件包

chefbot_description 包包括机器人的 URDF 模型。在创建该包之前，可以检查从 chapter3_codes 下载得到的 ChefBot 软件包集合，这将有助于加快创建的过程。

下面，我们来看如何创建 chefbot_description 包。以下步骤将指导你如何创建该软件包。

（1）首先，需要切换到 src 目录下的 chefbot 文件夹中：

```
$ cd ~/catkin_ws/src/
```

（2）使用下面的命令创建机器人的描述包，以及它的依赖项，例如 `urdf` 和 `xacro`。这将在 `catkin_ws/src` 文件夹中创建 `chefbot_description`：

$ catkin_create_pkgchefbot_descriptioncatkinxacro

（3）从下载的 `chefbot_description` 包复制所有的文件夹到新的包文件夹中。`mesh` 文件夹涵盖机器人的三维模型描述，`urdf` 文件夹包含机器人运动学和动力学模型的 URDF 文件。整个机器人模型被拆分成一系列 `xacro` 文件，使其具有更好的可读性，也更容易进行调试。

下面，我们来看包里每个文件的功能。你可以查看 `chefbot_description` 里的每一个文件。图 3-18 展示了这些文件。

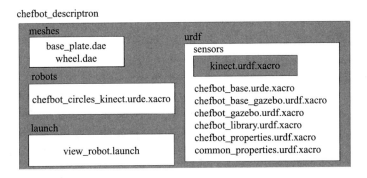

图 3-18　chefbot_description 包的文件组成

包中每个文件的功能如下：

- `urdf/chefbot.xacro`：主要的 `xacro` 文件，其中包含了机器人的运动学和动力学参数。
- `urdf/common_properties.xacro`：包含机器人模型中使用的一些属性及属性值。例如，机器人连接件和一些常量的不同颜色定义。
- `gazebo/chefbot.gazebo.xacro`：包含机器人的仿真参数。主要有用于执行仿真的 Gazebo 参数和插件。这些参数在使用模型开始仿真时才会激活。
- `launch/upload_model.launch`：该启动文件有一个节点，主要解析机器人 `xacro` 文件，并将解析后的数据上传给名为 `robot_description` 的 ROS 参数。`robot_description` 参数随后在 Rviz 中用于可视化，在 Gazebo 中用于

仿真。如果 xacro 模型错误，该启动文件将报错。

- launch/view_model.launch：上传机器人的 URDF 模型，并在 Rviz 中查看该模型。
- launch/view_navigation.launch：在 Rviz 中显示 URDF 模型和导航相关的显示类型。
- launch/view_robot_gazebo.launch：在 Gazebo 中启动 URDF 模型，并启动所有的 Gazebo 插件。
- meshes/：包含了机器人模型所需的网格。
- 可以使用 catkin_make 命令来构建工作区。

构建包之后，使用以下命令在 Rviz 中启动 ChefBot 模型：

```
$ roslaunch chefbot_descriptionview_robot.launch
```

Rviz 中的机器人模型如图 3-19 所示。

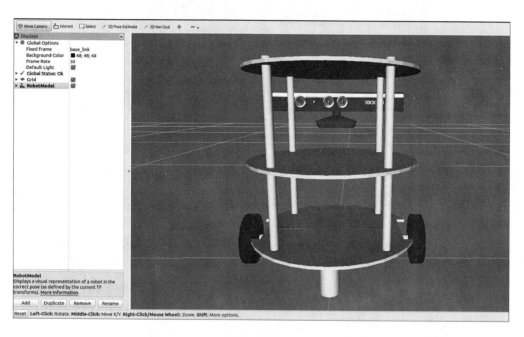

图 3-19   Rviz 中的 ChefBot URDF 模型

以下是 view_robot.launch 文件，该文件使机器人在 Rviz 中可视化：

```
<launch>

<!-- This launch file will parse the URDF model and create
robot_description parameter  - ->

<include file="$(find chefbot_description)/launch/upload_model.launch" />

<!-Publish TF from joint states -- >

<node name="robot_state_publisher" pkg="robot_state_publisher"
type="robot_state_publisher" />


<!-Start slider GUI for controlling the robot joints -- >
<node name="joint_state_publisher" pkg="joint_state_publisher"
type="joint_state_publisher" args="_use_gui:=True" />


<!-Start Rviz with a specific configuration -- >

<node name="rviz" pkg="rviz" type="rviz" args="-d $(find
chefbot_description)/rviz/robot.rviz" />

</launch>
```

这是 upload_model.launch 的定义。xacro 命令用于解析 chefbot.xacro 文件并将其存储到 robot_description：

```
<launch>

<!-- Robot description -->
<param name="robot_description" command="$(find xacro)/xacro --inorder
'$(find chefbot_description)/urdf/chefbot.xacro'" />

</launch>
```

udf/chefbot.xacro 是主要的 URDF 模型文件。我们可以看到连接件和关节是如何在 xacro 文件中被定义的。

下面的代码片段显示了机器人 xacro 模型的开头部分。代码里有 XML 版本、机器人名称和一些 xacro 文件，如 common_properties.xacro 和 chefbot.gazebo.xacro 文件。之后，我们可以看到一些在开头部分定义的相机属性：

```
<?xml version="1.0"?>

<robot name="chefbot" xmlns:xacro="http://ros.org/wiki/xacro">

<xacro:include filename="$(find
chefbot_description)/urdf/common_properties.xacro" />

<xacro:include filename="$(find
chefbot_description)/gazebo/chefbot.gazebo.xacro" />

<xacro:property name="astra_cam_py" value="-0.0125"/>
<xacro:property name="astra_depth_rel_rgb_py" value="0.0250" />
<xacro:property name="astra_cam_rel_rgb_py"   value="-0.0125" />
<xacro:property name="astra_dae_display_scale"   value="0.8" />
```

下面的代码片段显示了模型中连接件和关节的定义:

```
<link name="base_footprint"/>

<joint name="base_joint" type="fixed">
<origin xyz="0 0 0.0102" rpy="0 0 0" />
<parent link="base_footprint"/>
<child link="base_link" />
</joint>
<link name="base_link">
<visual>
<geometry>
<!-- new mesh -->
<mesh filename="package://chefbot_description/meshes/base_plate.dae"/>
<material name="white"/>
</geometry>

   <origin xyz="0.001 0 -0.034" rpy="0 0 ${M_PI/2}"/>
</visual>
<collision>
<geometry>
<cylinder length="0.10938" radius="0.178"/>
</geometry>
<origin xyz="0.0 0 0.05949" rpy="0 0 0"/>
</collision>

<inertial>
<!-- COM experimentally determined -->
<origin xyz="0.01 0 0"/>
<mass value="2.4"/><!-- 2.4/2.6 kg for small/big battery pack -->

<inertia ixx="0.019995" ixy="0.0" ixz="0.0"
iyy="0.019995" iyz="0.0"
izz="0.03675" />
</inertial>
</link>
```

在这段代码中，我们可以看到名为 `base_footprint` 和 `base_link` 的两个连接件的定义。`base_footprint` 连接件是一个虚拟连接件，这意味着它可以有任何属性，这里它只是用来表示机器人的原点。`base_link` 是机器人的原点，具有视觉属性和碰撞属性。我们还看到连接件被可视化为网格文件。我们还可以在定义中看到连接件的惯性参数。两个连接件组成关节，我们可以在 URDF 中通过两个连接件和关节的类型来定义关节。URDF 中有不同类型的关节，如固定关节、旋转关节、连续关节和移动关节。在上述代码片段中，我们创建的关节在支架中无法活动，因此是固定关节。

本章介绍了 ChefBot URDF 的基础知识。我们将在下一章介绍更多关于 ChefBot 仿真的知识，并给出参数解释。

3.8　本章小结

在本章中，我们介绍了如何对 ChefBot 机器人建模。建模过程涉及机器人硬件部分的二维和三维设计，并生成 URDF 模型，该模型可以在 ROS 中使用。本章以机器人需要满足的不同要求开始，介绍了如何计算各种设计参数。学习了设计参数的计算后，我们使用二维草图设计机器人的硬件部分，这部分是使用免费的 CAD 工具 LibreCAD 完成的。之后，使用 Python 脚本在 Blender 中建立三维模型。然后从 Blender 创建网格模型和机器人 URDF 模型。建立 URDF 模型后，我们在 Rviz 中可视化了机器人。

下一章将讨论如何仿真、构建地图和定位机器人。

3.9　习题

1. 什么是机器人建模？它有什么作用？
2. 机器人二维模型的作用是什么？
3. 机器人三维模型的作用是什么？
4. 与手动建模相比，使用 Python 脚本建模有什么优势？
5. 什么是 URDF 文件？它有什么作用？

3.10　扩展阅读

参阅 *Mastering ROS for Robotics Programming-Second Edition*（https://www.packtpub.com/hardware-and-creative/mastering-ros-robotics-programming-second-edition），以学习更多关于 URDF、xacro 和 Gazebo 的知识。

第 4 章

利用 ROS 模拟差分驱动机器人

在前一章中，我们介绍了如何建模 ChefBot。本章将继续介绍如何在 ROS 中使用 Gazebo 仿真器来模拟机器人。我们将介绍如何创建 ChefBot 的仿真模型，我们将在其中创建一个类似酒店的环境来测试应用程序（可以自动送餐给顾客）。我们将详细说明测试应用程序的每个步骤。

本章将涵盖以下主题：

- 开始使用 Gazebo 仿真器。
- 结合 TurtleBot 2 进行仿真工作。
- 创建 ChefBot 仿真。
- URDF 标签和插件仿真。
- 即时定位与地图构建。
- 在 Gazebo 环境中实现 SLAM。
- 使用 SLAM 创建地图。
- 开始使用自适应蒙特卡罗定位。
- 在 Gazebo 环境中实现 AMCL。
- 在酒店使用 Gazebo 进行 ChefBot 自主导航。

4.1 技术要求

要测试本章中的应用程序和代码，你需要一台安装了 ROS Kinetic 的 Ubuntu 16.04 LTS PC 或便携式计算机。

4.2　开始使用 Gazebo 仿真器

在第 1 章中，我们介绍了 Gazebo 仿真器的基本概念及其安装过程。在本章中，我们将介绍更多关于 Gazebo 的用法，以及如何在 Gazebo 仿真器中模拟差分驱动机器人。第一步是理解 GUI 及其各种控件。正如我们在第 1 章中所讨论的，Gazebo 有两个主要部分。第一部分是 Gazebo 服务器，第二部分是 Gazebo 客户端。仿真是在作为后端的 Gazebo 服务器上进行的。GUI 作为 Gazebo 客户端是前端。我们还将介绍 Rviz（ROS Visualizer），这是 ROS 中的一个 GUI 工具，用于可视化来自机器人硬件或仿真器（如 Gazebo）的各种机器人传感器数据。

我们可以单独使用 Gazebo 仿真器来模拟机器人，也可以使用 ROS 和 Python 接口在 Gazebo 仿真器中对机器人编程。如果单独使用 Gazebo 仿真器，那么仿真机器人的默认选项是编写基于 C++ 的插件（http://gazebosim. org/tutorials/?tut = plugins_hello_world）。我们可以编写 C++ 插件来模拟机器人的行为、创建新的传感器，创建新的世界，等等。默认情况下，在 Gazebo 中对机器人和环境的建模是使用 SDF（http://sdformat. org/）文件完成的。如果对 Gazebo 使用 ROS 接口，必须创建 URDF 文件，其中包含机器人的所有参数，并具有机器人仿真属性的特定 Gazebo 标签。当使用 URDF 开始仿真时，它将通过一些工具转换为 SDF 文件，并在 Gazebo 中显示机器人。Gazebo 的 ROS 接口称为 gazebo-ros-pkgs。它是一组包装器和插件，能够在 Gazebo 中建模传感器、机器人控制器并进行其他仿真，并通过 ROS 主题进行通信。本章将主要关注模拟 ChefBot 的 ROS-Gazebo 接口。ROS-Gazebo 接口的优点是可以利用 ROS 框架对机器人进行编程。我们可以通过 ROS 使用流行的编程语言（如 C++ 和 Python）编写机器人程序。

如果你对使用 ROS 不感兴趣，而想使用 Python 编写机器人程序，那么可以利用名为 pygazebo（https://github. com/jpieper/pygazebo）的接口。它是一个 Python 绑定的 Gazebo。下面将介绍 Gazebo 的 GUI 以及它的一些重要控件。

Gazebo 的图形用户界面

我们可以通过多种方式来启动 Gazebo，参见第 1 章。在本章中，我们使用下面的命令来启动一个空的世界，既没有机器人，也没有环境：

```
$ roslaunch gazebo_ros empty_world.launch
```

上面的命令将启动 Gazebo 服务器和客户端，并将一个空的世界加载到 Gazebo 中。图 4-1 展示了 Gazebo 里空荡荡的世界。

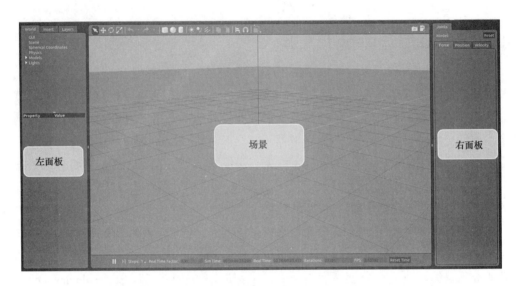

图 4-1　Gazebo 的用户界面

Gazebo 用户界面可以分为三个部分：场景、左面板和右面板。

场景

场景是机器人仿真发生的地方。我们可以在场景中添加各种对象，并且可以使用鼠标和键盘与机器人进行交互。

左面板

启动 Gazebo 时，可以看到左面板。左面板上有 3 个主要选项卡：

- **World**：World 选项卡包含当前 Gazebo 场景中的模型列表。在这里，我们可以修改模型参数（比如位姿），也可以改变相机的位姿。
- **Insert**：Insert 选项卡允许你在场景中添加新的仿真模型。这些模型可以在本地系统和远程服务器中使用。/home/ < user_name > /.gazebo/model 文件夹将保存本地模型文件，远程服务器中的模型保存在 http://gazebosim. org/ models，如图 4-2 所示。

第一次启动 Gazebo 或者启动一个有来自远程服务器的模型的世界时，Gazebo 可能会显示黑屏或者终端上会显示一个警告。这是因为正在下载远程服务器中的模型，Gazebo 必须等待一段时间。等待时间根据网络连接速度而有所不同。模型下载完成后，会保存在本地模型文件夹中，这样下次就不会有任何延迟了。

图 4-2　Gazebo 左面板中的 Insert 选项卡

- **Layers**：大多数时候不会使用该选项卡。该选项卡用于组织仿真中可用的不同可视化内容。可以通过切换每一层来隐藏或取消隐藏仿真中的模型。在仿真的大部分时间，该选项卡都是空的。

右面板

默认情况下，右面板是隐藏的。需要通过拖拽来查看它。这个面板使我们能够与模型的移动部分进行交互。选择场景中的模型就可以看到模型的关节。

Gazebo 工具栏

Gazebo 有 2 个工具栏，一个在场景上面，一个在场景下面。

上工具栏

上工具栏对于与 Gazebo 场景的交互非常有用。该工具栏主要用于操纵 Gazebo 场景。它具有选择、缩放、平移和旋转模型以及在场景中添加新形状的功能，如图 4-3 所示。

下面列出了每个选项的详细描述：

- **选择模式**：如果处于选择模式，可以在场景中选择模型并设置它们的属性，并在场景中导航。

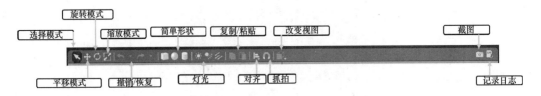

图 4-3　Gazebo 的上工具栏

- **平移模式**：在平移模式下，选择一个模型，按住左键，即可平移该模型。
- **旋转模式**：在旋转模式下，可以选择模型并改变它的方向。
- **缩放模式**：在缩放模式下，可以选择模型并对其进行缩放。
- **撤销/恢复**：撤销或恢复场景中的动作。
- **简单形状**：该选项可以在场景中插入基本形状，比如圆柱体、立方体或球体。
- **灯光**：能够在场景中添加不同种类的光源。
- **复制/粘贴**：能够复制和粘贴场景中不同的模型和部分。
- **对齐**：能够将模型彼此对齐。
- **抓拍**：抓拍一个模型，并将其移动到场景中。
- **改变视图**：改变场景的视图。主要采用透视图和正交视图。
- **截图**：获取当前场景的截图。
- **记录日志**：保存 Gazebo 的日志。

下工具栏

下工具栏主要显示仿真的细节。它会显示仿真时间（指在仿真器内经过的时间）。仿真可以加速或减慢，取决于当前仿真所需的计算量。

实际时间显示是指仿真器运行时在现实生活中经过的实际时间。**实时因子**（Real Time Factor，RTF）是指仿真时间与实际时间速度的比值。如果 RTF 是 1，那么意味着仿真正在以与现实时间速度相同的速度进行。

Gazebo 中的世界状态可以随着每次迭代而改变。每次迭代都可以在固定的时间内对 Gazebo 做出改变。这个固定时间叫作步长。默认情况下，步长为 1 毫秒。步长和迭代在工具栏中显示，如图 4-4 所示。

可以暂停仿真并使用 Step 按钮查看每一步。

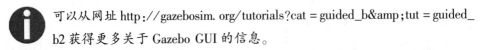

可以从网址 http://gazebosim. org/tutorials?cat = guided_b&tut = guided_b2 获得更多关于 Gazebo GUI 的信息。

在进入下一节之前，可以试用一下 Gazebo，了解更多有关它的工作原理的信息。

图 4-4　Gazebo 的下工具栏

4.3　结合 TurtleBot 2 进行仿真工作

在熟悉了 Gazebo 之后,现在是时候在其上运行仿真并处理一些机器人了。TurtleBot 是用于教学和研究的最受欢迎的机器人之一。TurtleBot 软件是在 ROS 框架内开发的,在 Gazebo 中可以很好地模拟它的操作。最流行的版本是 TurtleBot 2 和 TurtleBot 3。本节将学习 TurtleBot 2,因为开发 ChefBot 的灵感来自它的设计。

在 Ubuntu 16.04 中安装 TurtleBot 2 仿真包非常简单。可以使用以下命令为 Gazebo 安装 TurtleBot 2 仿真包:

```
$ sudo apt-get install ros-kinetic-turtlebot-gazebo
```

安装仿真包之后,就可以开始运行仿真了。在 turtlebot-gazebo 包中有几个启动文件,它们具有不同的世界文件。Gazebo 世界文件 (*.world) 是由环境中模型的属性组成的 SDF 文件。当世界文件发生变化时,Gazebo 将加载一个不同的环境。

下面的命令将启动一个具有特定组件集的世界:

```
$ roslaunch turtlebot_gazebo turtlebot_world.launch
```

仿真需要一段时间来加载,加载时会在 Gazebo 场景中显示图 4-5 所示模型。

在 Gazebo 中加载仿真时,也会加载必要的插件来与 ROS 交互。TurtleBot 2 有以下重要组成部分:

- 带差分驱动器的移动基座。
- 用于创建地图的深度传感器。
- 用于检测碰撞的保险杠开关。

当仿真加载时,它将加载 ROS-Gazebo 插件来仿真差分驱动移动基座、深度传感器 (Kinect 或 Astra) 和保险杠开关插件。因此,在加载仿真之后,如果在终端中输入 $ rostopic list 命令,将出现如图 4-6 所示的主题选择。

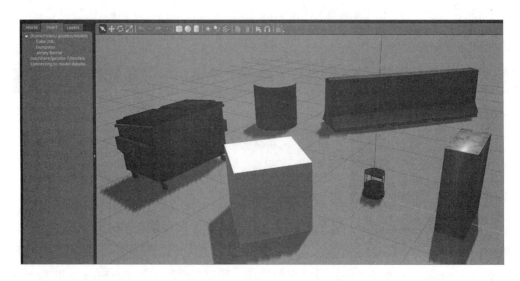

图 4-5　Gazebo 中的 TurtleBot 2 仿真

　　正如之前看到的，可以从差分驱动器插件、深度传感器和保险杠开关部分看到这些主题。除此之外，还可以从 ROS-Gazebo 插件中看到主题，主要包含机器人的当前状态和仿真中的其他模型。

　　Kinect/Astra 传感器可以提供 RGB 图像和深度图像。差分驱动插件可以在 /odom (nav_msgs/Odometry) 主题中发送机器人的里程计数据，在 /tf (tf2_msgs/ TFMessage) 主题中发布机器人的转换，如图 4-6 所示。

　　可以在 Rviz 中可视化机器人模型和传感器数据。有一个专门用于可视化的 TurtleBot 包。大家可以安装以下软件包来可视化机器人数据：

```
$ sudo apt-get install ros-kinetic-turtlebot-rviz-launchers
```

　　安装完该软件包后，可以使用下面的启动文件来可视化机器人和它的传感器数据：

```
$ roslaunch turtlebot-rviz-launchers view_robot.launch
```

　　我们将得到以下 Rviz 窗口，其中显示了机器人模型。然后，可以开启传感器显示来可视化这个特定的数据，如图 4-7 所示。

　　下一节将介绍如何移动机器人。

移动机器人

　　机器人的差分驱动插件能够接收 ROS Twist 消息（geometry_msgs/Twist），

其中包括机器人当前的线速度和角速度。机器人的遥控操作意味着通过使用 ROS Twist 消息，用操纵杆或键盘手动移动机器人。现在介绍如何使用键盘遥控操作来移动 TurtleBot 2 机器人。

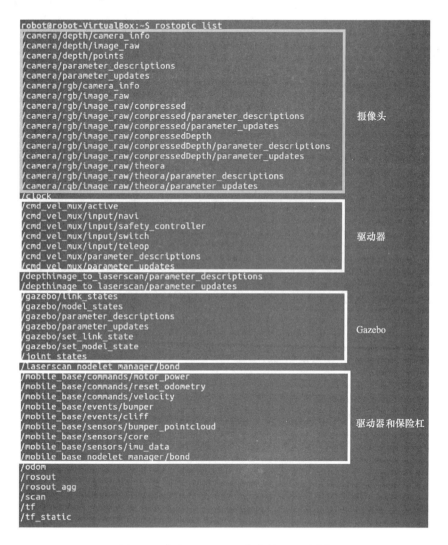

图 4-6　来自 TurtleBot 2 仿真的 ROS 主题

必须安装一个软件包来遥控操作 TurtleBot 2 机器人。下面的命令将安装 TurtleBot 遥控操作包：

```
$ sudo apt-get install ros-kinetic-turtlebot-teleop
```

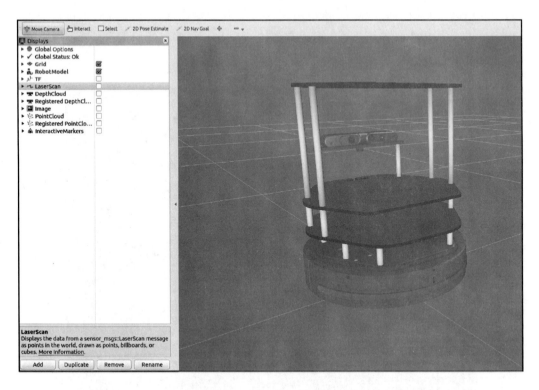

图 4-7　TurtleBot 2 在 Rviz 的可视化

　　要启动遥控操作，必须先启动 Gazebo 仿真器，然后使用以下命令启动遥控操作节点：

```
$ roslaunch turtlebot_teleop keyboard_teleop.launch
```

　　在终端中，可以看到移动机器人的按键组合。可以使用这些键移动它，同时可以看到机器人在 Gazebo 和 Rviz 中移动，如图 4-8 所示。

　　按下键盘上的按键时，它会向差分驱动控制器发送 Twist 消息，控制器会在仿真中移动机器人。teleop 节点发送一个名为/cmd_vel_mux/input/teleop(geometry_msgs/Twist)的主题，如图 4-9 所示。

4.4　创建 ChefBot 仿真

　　我们已经介绍了 TurtleBot 的仿真工作原理。在本节中，我们将介绍如何使用 Gazebo 创建自己的机器人仿真。

在开始讨论创建机器人仿真之前，应该将 chefbot_gazebo 包复制到 catkin 工作区，并输入 catkin_make 来构建包。确保工作区中有两个包：chefbot_description 和 chefbot_gazebo。chefbot_gazebo 包包含与仿真相关的启动文件和参数，chefbot_description 包包含机器人的 URDF 模型及其仿真参数，以及用于在 Rviz 和 Gazebo 中查看机器人的启动文件。

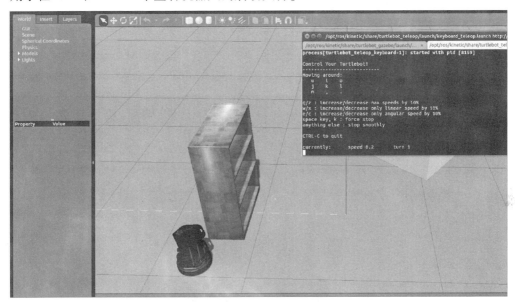

图 4-8   TurtleBot 2 键盘遥控操作

图 4-9   TurtleBot 键盘遥控操作节点

我们开始在 Gazebo 中创建 ChefBot 模型，以便熟悉这个过程。之后将深入研究 xacro 文件并查看仿真参数。

下面的启动文件将在 Gazebo 中显示具有一个空世界的机器人模型并启动所有 Gazebo 机器人插件：

$ roslaunch chefbot_description view_robot_gazebo.launch

图 4-10 展示了 Gazebo 中的 ChefBot 的截图。

我们将介绍如何在 Gazebo 中添加 URDF 机器人模型。可以在 chefbot_description/launch/view_robot_gazebo.launch 中找到 URDF 机器人模型的定义。

代码的第一部分调用 upload_model.launch 文件，用于创建 robot_description 参数。如果它成功了，那么它将在 Gazebo 启动一个空的世界：

```
<launch>
 <include file="$(find chefbot_description)/launch/upload_model.launch" />

 <include file="$(find gazebo_ros)/launch/empty_world.launch">
   <arg name="paused" value="false"/>
   <arg name="use_sim_time" value="true"/>
   <arg name="gui" value="true"/>
   <arg name="recording" value="false"/>
   <arg name="debug" value="false"/>
 </include>
```

图 4-10 Gazebo 中的 ChefBot

那么 robot_description 参数中的机器人模型如何在 Gazebo 中显示呢？下面这段在启动文件中的代码片段会执行这项任务：

```
<node name="spawn_urdf" pkg="gazebo_ros" type="spawn_model" args="-param robot_description -urdf -z 0.1 -model chefbot" />
```

gazebo_ros 包中名为 spawn_model 的节点将读取 robot_description 并在 Gazebo 中生成模型。参数-z 0.1 表示要放置在 Gazebo 中模型的高度。如果高度为 0.1，模型将在高度 0.1 处生成。如果启用了重力，那么模型就会掉到地上。可以根据要求修改这个参数。参数-model 是 Gazebo 中机器人模型的名称。该节点将从

`robot_description` 中解析所有 Gazebo 参数，并在 Gazebo 中启动仿真。

生成模型后，可以使用以下代码发布机器人变换（transformation，tf）：

```
<node pkg="robot_state_publisher" type="robot_state_publisher"
name="robot_state_publisher">
    <param name="publish_frequency" type="double" value="30.0" />
</node>
```

我们以 30Hz 的频率发布 ROS tf。

4.4.1　深度图像到激光扫描的转换

机器人的深度传感器提供环境的三维坐标。为了实现自主导航，可以使用这些数据创建 3D 地图。创建环境地图有不同的技术，其中用于该机器人的是一种叫作 gmapping（http://wiki.ros.org/gmapping）的算法。gmapping 算法主要使用激光扫描来创建地图，但是本例中，我们从传感器得到的是完整的 3D 点云。我们可以对深度数据进行切片，将其从激光扫描仪转换 3D 深度数据。启动文件中的以下 nodelet（http://wiki.ros.org/nodelet）能够接收深度数据并将其转换为激光扫描数据：

```
<node pkg="nodelet" type="nodelet" name="laserscan_nodelet_manager"
args="manager"/>
<node pkg="nodelet" type="nodelet" name="depthimage_to_laserscan"
    args="load depthimage_to_laserscan/DepthImageToLaserScanNodelet
laserscan_nodelet_manager">
    <param name="scan_height" value="10"/>
    <param name="output_frame_id" value="/camera_depth_frame"/>
    <param name="range_min" value="0.45"/>

    <remap from="image" to="/camera/depth/image_raw"/>
    <remap from="scan" to="/scan"/>
</node>
</launch>
```

nodelet 是一种特殊的 ROS 节点，它有一个称为零拷贝传输的特性，这意味着它不需要占用网络带宽来订阅主题。这将使从深度图像（`sensor_msgs/Image`）到激光扫描数据（`sensor_msgs/LaserScan`）的转换更快更有效。nodelet 的另一个特性是它可以作为插件动态加载。可以设置 nodelet 的各种属性，比如 `range_min`、图像主题的名称和输出激光仪主题。

4.4.2　Gazebo 仿真的 URDF 标签和插件

我们已经在 Gazebo 中看到了仿真机器人。现在，我们将更详细地介绍 URDF 中与仿真相关的标签以及 URDF 模型中包含的各种插件。

大多数特定于 Gazebo 的标签都在 chefbot _ description/gazebo/ chefbot. gazebo. xacro 文件中。此外，仿真中使用了 chefbot_description/ urdf/chefbot. xacro 中的某些标签。在 chefbot. xacro 中定义 < collision > 和 < inertial >标签对于仿真非常重要。URDF 中的 < collision >标签定义了机器人连接件周围的边界，主要用于检测该特定连接件的碰撞，而 < inertial >标签包含连接件的质量和转动惯量。< inertial >标签定义的示例如下：

```
<inertial>
  <mass value="0.564" />
  <origin xyz="0 0 0" />
  <inertia ixx="0.003881243" ixy="0.0" ixz="0.0"
           iyy="0.000498940" iyz="0.0"
           izz="0.003879257" />
</inertial>
```

这些参数是机器人动力学的一部分，所以在仿真中这些值会对机器人模型产生影响。此外，在仿真中，它将处理所有的连接件和关节，以及它们的属性。

接下来将介绍 gazebo/chefbot. gazebo. xacro 文件中的标签。我们使用的重要的特定于 Gazebo 的标签是 < gazebo >，它用于定义机器人中某个元素的仿真属性。我们可以定义一个适用于所有连接件的属性，也可以定义一个特定于某个连接件的属性。下面是 xacro 文件中的一个代码片段，它定义了连接件的摩擦系数：

```
<gazebo reference="chefbot_wheel_left_link">
  <mu1>1.0</mu1>
  <mu2>1.0</mu2>
  <kp>1000000.0</kp>
  <kd>100.0</kd>
  <minDepth>0.001</minDepth>
  <maxVel>1.0</maxVel>

</gazebo>
```

reference 属性用于指定机器人中的一个连接件。因此，前面的属性只适用于 chefbot_wheel_left_link。

下面的代码片段展示了如何设置机器人连接件的颜色。可以创建自定义颜色、定义自定义颜色，也可以使用 Gazebo 中的默认颜色。可以看到，对于 base_link，使用的是 Gazebo/white（来自 Gazebo 的默认属性）颜色：

```
<material name="blue">
    <color rgba="0 0 0.8 1"/>
</material>

<gazebo reference="base_link">
  <material>Gazebo/White</material>
</gazebo>
```

 可以参阅 http://gazebosim. org/tutorials/? tut = ros_urdf，以查看仿真中使用的所有标签。

以上介绍了仿真的主要标签。现在来介绍仿真中使用的 Gazebo-ROS 插件。

悬崖传感器插件

悬崖传感器是一组红外传感器，可以探测悬崖，帮助机器人避开台阶以及防止机器人坠落。这是 TurtleBot 2 移动基座上的传感器之一，名为 Kobuki（http://kobuki. yujinrobot. com/）。我们在 TurtleBot 2 仿真中也使用这个插件。

可以设置传感器的参数，如红外光束的最小和最大角度、分辨率和每秒采样数。还可以限制传感器的探测范围。仿真模型中有 3 个悬崖传感器，如下面的代码所示：

```
<gazebo reference="cliff_sensor_front_link">
  <sensor type="ray" name="cliff_sensor_front">
    <always_on>true</always_on>
    <update_rate>50</update_rate>
    <visualize>true</visualize>
    <ray>
      <scan>
        <horizontal>
          <samples>50</samples>
          <resolution>1.0</resolution>
          <min_angle>-0.0436</min_angle>   <!-- -2.5 degree -->
          <max_angle>0.0436</max_angle> <!-- 2.5 degree -->
        </horizontal>

      </scan>
      <range>
        <min>0.01</min>
        <max>0.15</max>
        <resolution>1.0</resolution>
      </range>
    </ray>
  </sensor>
</gazebo>
```

接触传感器插件

下面是机器人上接触传感器的代码片段。如果机器人的基座与任何对象碰撞，这个插件将触发。它通常附加在机器人的 base_link 上，所以当保险杠碰到物体时，该传感器就会被触发：

```
<gazebo reference="base_link">
  <mu1>0.3</mu1>
  <mu2>0.3</mu2>
  <sensor type="contact" name="bumpers">
    <always_on>1</always_on>
    <update_rate>50.0</update_rate>
    <visualize>true</visualize>
    <contact>
      <collision>base_footprint_collision_base_link</collision>
    </contact>
  </sensor>
</gazebo>
```

陀螺仪插件

陀螺仪插件用于测量机器人的角速度。利用角速度，可以计算机器人的方向。机器人的方向在机器人驱动控制器中用于计算机器人的位姿，如下面的代码所示：

```
<gazebo reference="gyro_link">
 <sensor type="imu" name="imu">
   <always_on>true</always_on>
   <update_rate>50</update_rate>
   <visualize>false</visualize>
   <imu>
     <noise>
       <type>gaussian</type>
        <rate>
          <mean>0.0</mean>
          <stddev>${0.0014*0.0014}</stddev> <!-- 0.25 x 0.25 (deg/s) -
->
          <bias_mean>0.0</bias_mean>
          <bias_stddev>0.0</bias_stddev>
        </rate>
            <accel> <!-- not used in the plugin and real robot, hence
using tutorial values -->
               <mean>0.0</mean>
               <stddev>1.7e-2</stddev>
```

```
                <bias_mean>0.1</bias_mean>
                <bias_stddev>0.001</bias_stddev>
            </accel>
    </noise>
    </imu>
            </sensor>
</gazebo>
```

差分驱动插件

差分驱动插件是仿真中最重要的插件。该插件模拟机器人中的差分驱动行为。当它接收到以 ROS Twist 消息（`geometry_msgs/Twist`）形式出现的命令速度（线速度和角速度）时，它将移动机器人模型。该插件还计算机器人的里程计数，给出机器人的本地位置，如下面的代码所示：

```
<gazebo>
    <plugin name="kobuki_controller" filename="libgazebo_ros_kobuki.so">
     <publish_tf>1</publish_tf>

     <left_wheel_joint_name>wheel_left_joint</left_wheel_joint_name>
     <right_wheel_joint_name>wheel_right_joint</right_wheel_joint_name>
     <wheel_separation>.30</wheel_separation>
     <wheel_diameter>0.09</wheel_diameter>
     <torque>18.0</torque>
     <velocity_command_timeout>0.6</velocity_command_timeout>
     <cliff_detection_threshold>0.04</cliff_detection_threshold>
     <cliff_sensor_left_name>cliff_sensor_left</cliff_sensor_left_name>
<cliff_sensor_center_name>cliff_sensor_front</cliff_sensor_center_name>
<cliff_sensor_right_name>cliff_sensor_right</cliff_sensor_right_name>
     <cliff_detection_threshold>0.04</cliff_detection_threshold>
     <bumper_name>bumpers</bumper_name>

       <imu_name>imu</imu_name>
    </plugin>
   </gazebo>
```

为了计算机器人的里程计数，必须提供机器人的参数，如车轮之间的距离、车轮直径以及电机的扭矩。根据设计，车轮距离为 30cm，车轮直径为 9cm，扭矩为 18N。如果想发布机器人的变换，可以将 `publish_tf` 设置为 1。插件内的每个标签都是相应插件的参数。如你所见，它从接触传感器、惯性测量单元和悬崖传感器获得所有输入。

`libgazebo_ros_kobuki.so` 插件与 TurtleBot 2 仿真软件包一起安装。我们在自己的机器人中也使用相同的插件。在运行此仿真之前，必须确保系统上安装了 TurtleBot 2 仿真。

深度摄像头插件

深度摄像头插件可模拟深度摄像头（例如 Kinect 或 Astra）的特征。插件名称为 libgazebo_ros_openni_kinect. so，它可以模拟拥有不同特征的各种深度传感器。插件如以下代码所示：

```
    <plugin name="kinect_camera_controller"
filename="libgazebo_ros_openni_kinect.so">
        <cameraName>camera</cameraName>
        <alwaysOn>true</alwaysOn>
        <updateRate>10</updateRate>
        <imageTopicName>rgb/image_raw</imageTopicName>
        <depthImageTopicName>depth/image_raw</depthImageTopicName>
        <pointCloudTopicName>depth/points</pointCloudTopicName>
        <cameraInfoTopicName>rgb/camera_info</cameraInfoTopicName>
<depthImageCameraInfoTopicName>depth/camera_info</depthImageCameraInfoTopic
Name>
        <frameName>camera_depth_optical_frame</frameName>
        <baseline>0.1</baseline>
        <distortion_k1>0.0</distortion_k1>
        <distortion_k2>0.0</distortion_k2>
        <distortion_k3>0.0</distortion_k3>
        <distortion_t1>0.0</distortion_t1>
        <distortion_t2>0.0</distortion_t2>
        <pointCloudCutoff>0.4</pointCloudCutoff>
    </plugin>
```

上述代码包含插件的发布者、RGB 图像、深度图像和点云数据。可以在插件中设置摄像头矩阵并自定义其他参数。

 可以参考 http://gazebosim. org/tutorials?tut = ros_depth_cameraamp；cat = connect_ros，以了解有关 Gazebo 中深度摄像头插件的更多信息。

4.5 可视化机器人传感器数据

本节将介绍如何可视化来自仿真机器人的传感器数据。在 chefbot_gazebo 包中有一些启动文件，用于在空的世界或类似酒店的环境中启动机器人。使用 Gazebo 本身也可以构建自定义环境。使用原始网格创建环境，并保存为 * . world 文件，它可以作为启动文件中 gazebo_ros 节点的输入。要在 Gazebo 中启动酒店环境（见图 4-11），可以使用以下命令：

$ roslaunch chefbot_gazebo chefbot_hotel_world.launch

空间中的 9 个立方体代表 9 张餐桌。机器人可以导航到任何一张餐桌送餐（见

图 4-12）。我们将介绍如何做到这一点，但在那之前要先学习如何可视化来自机器人
模型中不同类型的传感器数据。

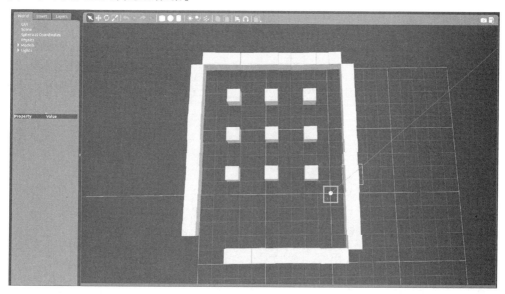

图 4-11　Gazebo 中酒店环境下的 ChefBot 视图

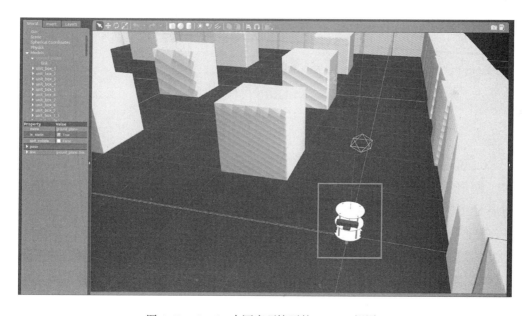

图 4-12　Gazebo 中酒店环境下的 ChefBot 视图 2

下面的命令将启动 Rviz，以显示来自机器人的传感器数据：

$ roslaunch chefbot_description view_robot.launch

这将生成传感器数据的可视化表示，如图 4-13 所示。

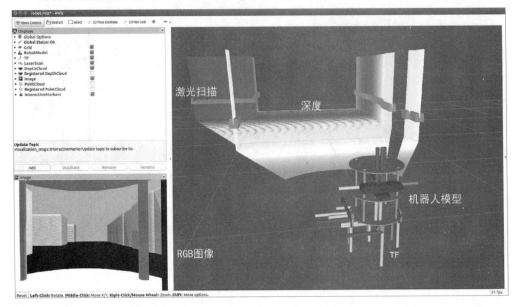

图 4-13   ChefBot 在 Rviz 中的传感器可视化表示

可以启用 Rviz 显示类型来查看不同类型的传感器数据。从图 4-13 中，可以看到深度云、激光扫描、TF、机器人模型和 RGB 摄像头图像。

4.5.1   即时定位与地图构建

ChefBot 的要求之一是它应该能够在环境中自主导航并送餐。为了实现这一要求，必须使用几种算法，如 SLAM（Simultaneous Localization And Mapping，即时定位与地图构建）和 AMCL（Adaptive Monte Carlo Localization，自适应蒙特卡罗定位）。即使有不同的方法可以解决自主导航问题，但本书中主要还是使用这些算法。SLAM 算法在映射环境的同时在同一地图上定位机器人。这似乎是一个先有鸡还是先有蛋的问题，但现在有了不同的算法可以解决它。利用 AMCL 算法可以在已有的地图中对机器人定位。本书中使用的算法称为 Gmapping（http://www.openslam.org/gmapping.html），它实现了 Fast SLAM 2.0（http://robots.stanford.edu/papers/Montemerlo03a.html）。标准 Gmapping 库包装在一个名为 ROS Gmapping（http://wiki

.ros.org/gmapping）的包中，可以用在本应用程序中。

SLAM 节点的理念是，在环境中移动机器人时，它将使用激光扫描数据和里程计数据创建环境地图。

 更多信息请参考 ROS Gmapping wiki 页面（http://wiki.ros.org/gmapping）。

在 Gazebo 环境中实现 SLAM

本节将介绍如何实现 SLAM 并将其应用到构建的仿真中。可以在 chefbot_gazebo/launch/gmapping_demo.launch 和 launch/includes/gmapping.launch.xml 上查看代码。基本上，我们使用来自 gmapping 包的节点，并使用适当的参数对其进行配置。gmapping.launch.xml 代码片段有此节点的完整定义。下面是该节点的代码片段：

```
<launch>
 <arg name="scan_topic" default="scan" />

  <node pkg="gmapping" type="slam_gmapping" name="slam_gmapping"
output="screen">
    <param name="base_frame" value="base_footprint"/>
    <param name="odom_frame" value="odom"/>

<param name="map_update_interval" value="5.0"/>
<param name="maxUrange" value="6.0"/>
<param name="maxRange" value="8.0"/>
```

使用的节点的名称是 slam_gmapping，包的名称是 gmapping。必须为这个节点提供一些参数（参数参见 Gmapping wiki 页面）。

4.5.2 使用 SLAM 创建地图

本节将介绍如何使用 SLAM 创建环境的地图。但是，必须先使用几个命令来启动地图构建。应该在每个 Linux 终端中执行每个命令。

首先，必须使用以下命令启动仿真：

$ roslaunch chefbot_gazebo chefbot_hotel_world.launch

接下来，必须在新的终端中启动键盘遥控操作节点。这将帮助我们使用键盘手动移动机器人：

$ roslaunch chefbot_gazebo keyboard_teleop.launch

在新的终端中启动 SLAM：

```
$ roslaunch chefbot_gazebo gmapping_demo.launch
```

现在将开始地图构建。为了可视化地图构建过程，可以在"Nevigation"（导航）设置的帮助下启动 Rviz：

```
$ roslaunch chefbot_description view_navigation.launch
```

可以看到在 Rviz 中创建的地图，如图 4-14 所示。

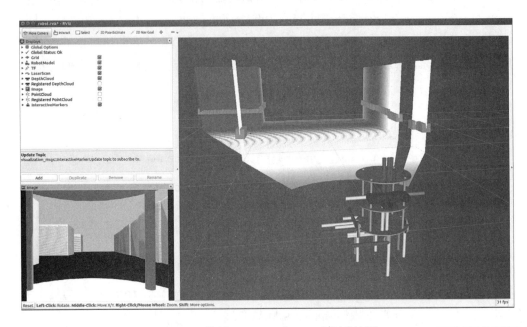

图 4-14　使用 Gmapping 在 Rviz 中创建地图

现在可以使用远程操作节点移动机器人，可以看到在 Rviz 中创建了一个地图。为了创建良好的环境地图，必须缓慢地移动机器人，并且必须经常旋转机器人。在环境中移动机器人并构建地图时，可以使用以下命令保存当前的地图：

```
$ rosrun map_server map_saver -f ~/Desktop/hotel
```

该地图将被保存为*.pgm 和*.yaml，其中 pgm 文件是地图，yaml 文件是地图的配置。可以在桌面上看到保存的地图。

将机器人围绕环境移动后，可以得到一张完整的地图，如图 4-15 所示。

地图可以随时保存，但要确保机器人覆盖了环境的整个区域，并映射了它的所有空间，如前面的图 4-15 所示。确定地图完全构建完成后，再次输入 map_saver 命令并关闭终端。如果不能构建环境地图，可以检查 chefbot_gazebo/maps/ho-tel 中现有的地图。

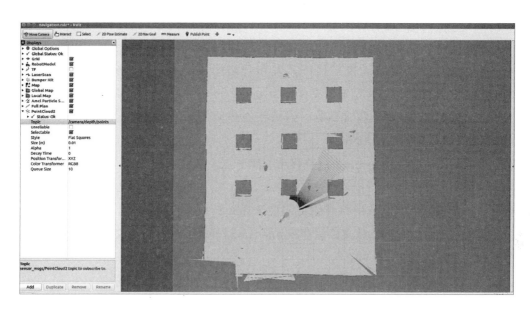

图 4-15　使用 Gmapping 得到的最终地图

4.5.3　自适应蒙特卡罗定位

我们已经成功构建了环境地图。现在我们必须自主地从当前机器人的位置导航到目标位置。开始自主导航前的第一步是在当前地图中定位机器人。用来在地图上进行定位的算法叫作 AMCL。AMCL 使用粒子滤波器来跟踪机器人相对于地图的位置。我们使用 ROS 包在机器人中实现 AMCL（http://wiki.ros.org/amcl）。与 Gmapping 类似，amcl 节点（位于 amcl 包）也有很多参数需要配置。可以在 ROS 的 wiki 页面上找到 amcl 的所有参数。

那么如何为机器人启动 AMCL 呢？有一个执行此操作的启动文件，它位于 chefbot_gazebo/amcl_demo.launch 和 chefbot_gazebo/includes/amcl.launch.xml 中。

可以看到 amcl_demo.launch 的定义。下面的代码显示了这个启动文件的定义：

```
<launch>
  <!-- Map server -->
  <arg name="map_file" default="$(find chefbot_gazebo)/maps/hotel.yaml"/>

  <node name="map_server" pkg="map_server" type="map_server" args="$(arg
map_file)" />
```

启动文件中的第一个节点从 map_server 包中启动 map_server。map_server 节点加载已经保存的静态地图，并将其发布到名为 map（nav_ msgs/Occupancy-Grid）的主题中。可以指定地图文件作为 amcl_demo. launch 的参数，如果有地图文件，map_server 节点将加载它，否则将加载位于 chefbot_gazebo/maps/hotel. yaml 文件中的默认地图。

加载地图后，启动 amcl 节点并移动基座节点。amcl 节点帮助机器人在当前地图上定位，而位于 ROS 导航堆栈中的 move_base 节点将帮助机器人从起点导航到目标位置。在接下来的章节中将介绍更多关于 move_base 节点的内容。move_base 节点也需要配置参数，参数文件保存在 chefbot_gazebo/param 文件夹中，如下面的代码所示：

```
<!-- Localization -->
<arg name="initial_pose_x" default="0.0"/>
  <arg name="initial_pose_y" default="0.0"/>
  <arg name="initial_pose_a" default="0.0"/>
  <include file="$(find chefbot_gazebo)/launch/includes/amcl.launch.xml">
    <arg name="initial_pose_x" value="$(arg initial_pose_x)"/>
    <arg name="initial_pose_y" value="$(arg initial_pose_y)"/>
    <arg name="initial_pose_a" value="$(arg initial_pose_a)"/>
  </include>

  <!-- Move base -->
  <include file="$(find
chefbot_gazebo)/launch/includes/move_base.launch.xml"/>
</launch>
```

 更多有关 ROS 导航堆栈的信息，请参见网址 http://wiki. ros. org/navigation/Tutorials/RobotSetup。

4.5.4 在 Gazebo 环境中实现 AMCL

本节将介绍如何在 ChefBot 中实现 AMCL。使用以下步骤在仿真中合并 AMCL。每个命令都应该在每个终端中执行。

第一个命令启动 Gazebo 仿真器：

```
$ roslaunch chefbot_gazebo chefbot_hotel_world.launch
```

不管地图文件是否作为参数，现在都可以启动 AMCL 的启动文件。如果想使用已经建立的自定义地图，可以使用下面的命令：

```
$ roslaunch chefbot_gazebo amcl_demo.launch
map_file:=/home/<your_user_name>/Desktop/hotel
```

如果想使用默认地图，则可以使用下面的命令：

```
$ roslaunch chefbot_gazebo amcl_demo.launch
```

在启动 AMCL 之后，可以启动 Rviz 来可视化地图和机器人。在 Rviz 中可以看到如图 4-16 所示的视图。可以看到一幅地图和一个被绿色粒子包围的机器人。绿色的粒子被称为 amcl 粒子，它们表示机器人位置的不确定性。机器人周围的粒子越多，意味着机器人位置的不确定性越高。当机器人开始移动时，粒子数会减少，它的位置会更确定。如果机器人无法定位地图的位置，可以使用 Rviz（工具栏）中的 "2D Pose Estimate" 按钮手动设置机器人在地图上的初始位置，如图 4-16 所示。

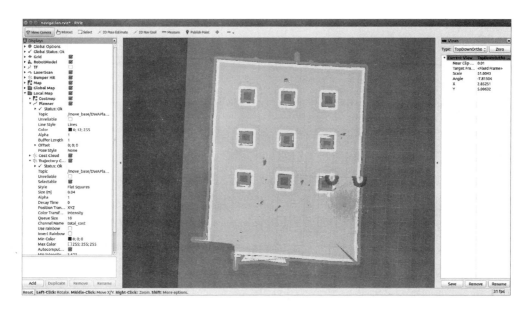

图 4-16　在酒店地图上启动 AMCL

如图 4-17 所示，在 Rviz 中放大机器人的位置可以看到粒子，还可以看到机器人周围不同颜色的障碍物。

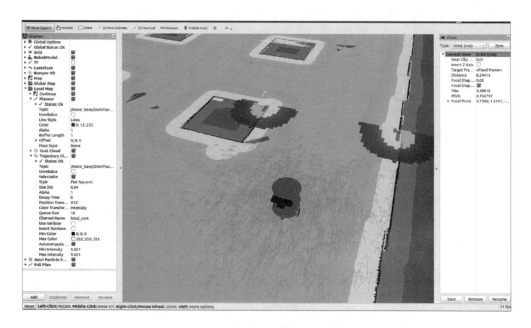

图 4-17　机器人周围的 AMCL 云

　　下一节将介绍如何对 ChefBot 编程,以在该地图中自动导航。不需要关闭当前终端,可以在 Rviz 中自主导航机器人。

4.5.5　ChefBot 在酒店中使用 Gazebo 进行自主导航

　　要启动机器人的自主导航,只需要在地图上指定目标机器人位置。Rviz 中有一个叫作 "2D Nav Goal" 的按钮,单击该按钮,然后单击地图上的一个点,可以看到一个箭头指示机器人的位置。在地图中给出目标位置后,可以看到机器人正在规划从当前位置到目标位置的路径。它会从当前位置慢慢移动到目标位置,避开所有障碍物。图 4-18 显示了机器人到目标位置的路径规划和导航。机器人周围的彩色网格显示了机器人的局部成本图,以及机器人的局部规划路径及其周围的障碍物。

　　这样的话,如果在地图中指定离桌子更近的位置,机器人就可以走到那张桌子前上菜,然后回到它的初始位置。可以编写一个 ROS 节点来执行相同的操作,而非从 Rviz 指定位置。这将在本书的最后几章进行解释。

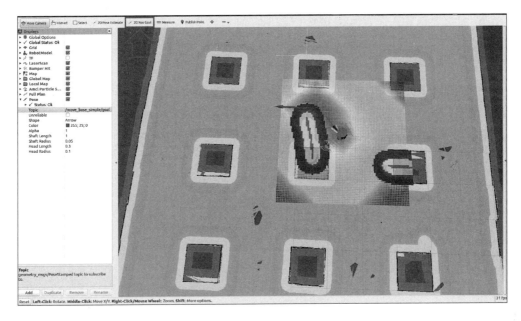

图 4-18　机器人的自主导航

4.6　本章小结

本章介绍了如何仿真名为 ChefBot 的机器人。前一章介绍了 ChefBot 的设计。本章首先介绍了 Gazebo 仿真器及其不同特性和功能。然后，介绍了如何使用 ROS 框架和 Gazebo 仿真器执行机器人仿真。安装了 TurtleBot 2 包并在 Gazebo 中测试了 Turtle-Bot 2 仿真。之后，创建了 ChefBot 仿真，并在酒店环境中应用了 Gmapping、AMCL和自主导航。我们了解到，仿真的准确性取决于地图，如果生成的地图比较完美，机器人在仿真中将工作得更好。

下一章将介绍如何设计机器人的硬件和电子电路。

4.7　习题

1. 如何在 Gazebo 中建模传感器？
2. ROS 如何与 Gazebo 对接？
3. 仿真中重要的 URDF 标签是什么？
4. 什么是 Gmapping，如何在 ROS 中实现它？
5. 在 ROS 中，`move_base` 节点的功能是什么？

6. 什么是 AMCL, 如何在 ROS 中实现它?

4.8　扩展阅读

要了解更多关于 URDF、xacro 和 Gazebo 的信息, 可以参考 *Mastering ROS for Robotics Programming-Second Edition* (https：//www. packtpub. com/hardware-and-creative/mastering-ros-robotics-programming-second-edition)。

第 5 章

设计 ChefBot 的硬件和电路

本章将介绍 ChefBot 机器人硬件的设计和工作原理,并介绍其硬件组件的选择。在第 4 章,我们用 Gazebo 和 ROS 设计了酒店环境下机器人的基本架构,并对其进行了仿真,同时测试了一些变量,如机器人本体质量、电机扭矩、车轮直径等。另外,我们还测试了 ChefBot 在酒店环境中的自主导航功能。

为了使用硬件完成上述功能,我们需要选取合适的硬件组件,弄清楚如何连接。已知机器人的主要功能是导航,即它能够自主地从初始位置行进到指定终点,且不会与周围物体发生碰撞。我们将介绍实现此目标所需的各种传感器和硬件组件,通过框图解释各个硬件组件之间的关联性,并介绍机器人的主要功能和物理操作。最后,我们将选定制作机器人需要用到的组件。可以买到相应组件的网上商店等资源也会提供给大家。

如果你已有 TurtleBot,则可跳过本章,因为本章仅适用于需要创建机器人硬件的用户。我们将介绍 ChefBot 硬件设计中需要满足的标准和规范。ChefBot 机器人的硬件主要包括机器人底盘、传感器、执行器、控制器板和 PC。

本章将涵盖以下主题:
- ChefBot 机器人框图及说明。
- 机器人组件的选择及说明。
- ChefBot 硬件的工作原理。

5.1 技术要求

本章介绍制造机器人所需的组件。你需要购买这些组件或类似组件才能构建 ChefBot。

5.2　ChefBot 硬件规格

本节将介绍第 3 章中提到的一些重要性能规范。最终的机器人原型需要满足以下规格要求：

- **简单且高性价比的机器人底盘设计**：与现有机器人相比，机器人底盘设计应简单且性价比高。
- **自主导航功能**：机器人应能自主导航，并包含实现自主导航的必要传感器。
- **电池使用寿命长**：机器人的电池应具有较长的使用寿命，以便连续工作。它的工作时长应大于 1 h。
- **避障**：机器人应能避开周围的静态和动态物体。

机器人的硬件设计应符合这些规格要求。我们将介绍一种此机器人中组件互连的方法。下一节将介绍机器人框图，并通过它描述其工作原理。

5.3　机器人框图

机器人的运动由使用编码器的两个直流（DC）减速电机控制。两个电机通过电机驱动器驱动。电机驱动器与嵌入式控制器板连接，控制器板向电机驱动器发送命令，控制电机的运动。电机的编码器与控制器板连接，以计算电机轴的转数。该数据可用于计算机器人的里程数据。超声传感器与控制器板连接，以感应障碍物并测量机器人与障碍物的距离。IMU（Inertial Measurement Unit，惯性测量单元）传感器可改善里程计算。嵌入式控制器板与 PC 相连，后者在机器人中执行所有高端处理。视觉和声音传感器与 PC 连接，并连接了 Wi-Fi 以进行远程操作。图 5-1 所示的框图给出了机器人的每个组件。

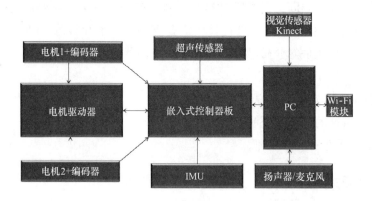

图 5-1　机器人硬件框图

5.3.1　电机和编码器

我们要设计的机器人是两轮差分驱动机器人，因此需要两个电机使其运动。每个电机都包含正交编码器（http://www.creative-robotics.com/quadrature-intro），这样我们就可以获得电机旋转反馈数据。

正交编码器以方形脉冲形式发送有关电机旋转的数据，解码脉冲即可获得编码器的节拍数量，该数量可用于反馈。如果已知轮子直径和电机节拍数，就能够计算移动机器人的位移和角度。在为机器人导航时，这种计算非常有用。

选择电机、编码器和轮子

通过仿真，我们了解了机器人参数。在进行仿真参数实验时，我们提到驱动机器人所需的电机扭矩为 18N，但计算出的扭矩略大，因此需要选择非常接近实际扭矩的标准扭矩电机，以便于选择电机。我们考虑的标准电机之一是 Pololu。根据设计规格，我们可以选择一种高扭矩直流减速电机，且该电机的编码器工作在 12V 直流电压环境下，转速为 80r/min。

图 5-2 所示为该机器人专用电机。电机带有集成正交编码器，电机轴每转一圈有 64 个脉冲，变速箱输出轴每转一圈产生 8400 个脉冲：

图 5-2　带编码器和车轮的直流减速电机（请参阅 https://www.pololu.com/product/2827）

该电机有 6 个不同颜色的引脚，如表 5-1 所示。

表 5-1　电机引脚说明

引脚颜色	功　　能
红	电机电源（与一个电机端子相连）
黑	电机电源（与另一个电机端子相连）
绿	编码器 GND

（续）

引脚颜色	功　　能
蓝	编码器 Vcc（3.5～20 V）
黄	编码器 A 路输出
白	编码器 B 路输出

根据设计规格，车轮直径选定为 90mm。Pololu 公司直接提供直径为 90mm 的车轮（http：//www. pololu. com/product/1439）。图 5-2 展示了该车轮与电机组装后的效果。

连接电机和车轮的其他连接器如下：

- 轮毂（用于将车轮安装到电机轴上），网址为 http：//www. pololu. com/product/1083。
- L 型支架（用于将电机固定在机器人底盘上），网址为 http：//www. pololu. com/product/1084。

5.3.2　电机驱动器

电机驱动器或电机控制器是可以控制电机速度的电路。通过控制电机，我们可以控制电机两端的电压，也可以控制电机的转动方向和速度。通过改变两端的极性，电机可以顺时针或逆时针旋转。

H 桥电路常用于电机控制器中，是一种可以在负载的任意方向上施加电压的电子电路。它具有高电流处理性能，并且可以改变电流方向。

图 5-3 显示了带有开关的基本 H 桥电路。

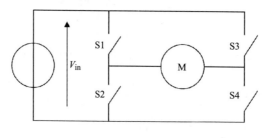

图 5-3　H 桥电路

电机的转动方向取决于 4 个开关的导通状态，如表 5-2 所示。

表 5-2　电机转动方向

S1	S2	S3	S4	电机运动状态
1	0	0	1	右转
0	1	1	0	左转
0	0	0	0	自由旋转
0	1	0	1	制动
1	0	1	0	制动
1	1	0	0	击穿
0	0	1	1	击穿
1	1	1	1	击穿

通过图 5-3，我们已经了解了 H 桥电路的基础知识。现在，我们来为电机选择一款驱动器，并讨论其工作原理。

电机驱动器/控制器的选型

Pololu 公司有多种与所选电机兼容的驱动器。图 5-4 展示了我们将在机器人中用到的电机驱动器。

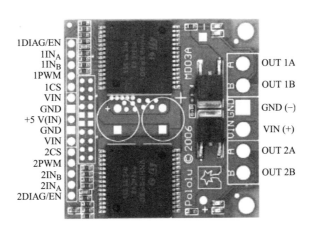

图 5-4　双 VNH2SP30 电机驱动器 MD03A

该电机驱动器可以从链接 http://www.pololu.com/product/708 购买。

该驱动器可以驱动两个电机，最大额定电流为 30A，并包含两个用于驱动电机的 IC。

输入引脚

表 5-3 列出了电机驱动器的输入引脚，通过它们，我们可以控制电机的转速和方向。

表 5-3　电机驱动器输入引脚

引脚名称	功　　能
1DIAG/EN、2DIAG/EN	监控电机驱动器 1、2 的故障状态。正常工作的情况下，处于断开状态
$1IN_A$、$1IN_B$、$2IN_A$、$2IN_B$	控制电机 1、2 的转向： • $IN_A = IN_B = 0$，电机制动 • $IN_A = 1$ 且 $IN_B = 0$，电机按顺时针方向转动 • $IN_A = 0$ 且 $IN_B = 1$，电机按逆时针方向转动 • $IN_A = IN_B = 1$，电机制动
1PWM、2PWM	控制电机 1、2 的转速，主要通过快速调节电机的开关状态来实现
1CS、2CS	电机 1、2 的电流传感器输入引脚

输出引脚

电机驱动器的输出引脚将驱动两个电机。表 5-4 列出了输出引脚功能。

表 5-4　电机驱动器输出引脚

引脚名称	功　　能
OUT 1A、OUT 1B	连接电机 1 的电源端
OUT 2A、OUT 2B	连接电机 2 的电源端

供电引脚

表 5-5 列出了供电引脚。

表 5-5　电机驱动器供电引脚

引脚名称	功　　能
VIN（+）、GND（–）	两个电机的供电引脚，输入电压范围为 $5.5 \sim 16$ V
+5 V（IN）、GND	电机驱动器的供电引脚，供电电压为 5 V

5.3.3　嵌入式控制器板

控制器板通常是 I/O 板，它可以将数字脉冲形式的控制信号发送到 H 桥或电机

驱动器板，也可以接收来自超声传感器、红外传感器等传感器的输入。我们还可以
将电机编码器连接到控制器板上，以便发送电机数据。

ChefBot 机器人中控制器板的主要用途如下：

- 连接电机驱动器和编码器。
- 连接超声传感器。
- 向 PC 发送传感器数值，并接收来自 PC 的传感器数值。

我们将在后面几章中介绍 I/O 接口板以及与之连接的各类组件。广泛使用的 I/O
接口板有 Arduino（arduino. cc）以及美国德州仪器（TI）的 Tiva-C 开发板（http://
www. ti. com/tool/EK-TM4C123GXL）。我们选择的控制板为 Tiva-C 系列开发板，原因
有以下几点：

- Tiva-C 开发板使用基于 32 位 ARM Cortex-M4 的微处理器，拥有 256KB 闪存，
  32KB SRAM 和 80MHz 的数据传输频率。而大多数 Arduino 开发板的这些参数
  都低于 Tiva-C 的。
- Tiva-C 开发板的处理性能十分出色，中断处理速度非常快。
- 12 个计时器。
- 16 路 PWM 输出。
- 2 路正交编码器输入。
- **8 路通用异步接收器/发送器（Universal Asynchronous Receiver/Transmitter，
  UART）。**
- **5V 耐压通用输入/输出（General-Purpose Input/Output，GPIO）。**
- 与 Arduino 开发板相比，Tiva-C 开发板的成本低，尺寸小。
- 编程使用的集成开发环境 Energia（http://energia. nu/）更简单。另外，在
  Energia 中编写的代码也能够在 Arduino 开发板上运行。

图 5-5 展示了美国德州仪器（TI）的 Tiva-C 开发板。

美国德州仪器（TI）的开发板引脚说明参见 http://energia. nu/pin-maps/guide_
stellarislaunchpad/。该引脚分配图与所有 TI 系列开发板兼容。在 Energia 开发环境中
进行编程时也可使用它。

5.3.4 超声传感器

超声传感器（也称为 ping 传感器）主要用于测量机器人与物体之间的距离。超
声传感器的主要应用是避障。超声传感器发射高频声波，并评估从物体反射回的声

波。传感器通过计算声波发射和返回的时间间隔来确定与目标物体之间的距离。

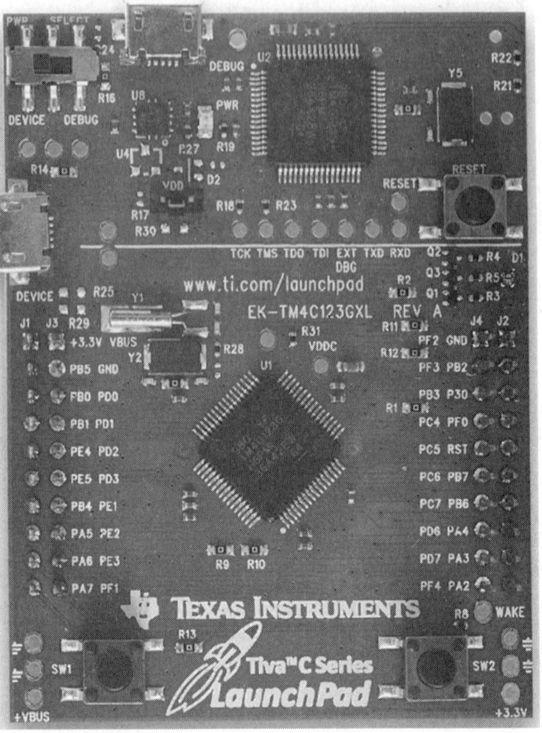

图 5-5 Tiva-C 开发板 123（http://www.ti.com/tool/EK-TM4C123GXL）

对于 ChefBot 机器人，避障导航是设计中非常重要的环节。如果没有避障功能，机器人在运动过程中可能会受损。超声传感器可以安装在机器人的侧面，用于检测机器人侧面和背面的碰撞。当用于机器人技术时，Kinect 也主要用于障碍物检测和避障。Kinect 只能在 0.8m 的范围内保证准确度，因此可以使用超声传感器检测 0.8m 以外的范围。在这种情况下，超声传感器实际上是 ChefBot 机器人的附加组件，目的是提高避障和检测能力。

超声传感器的选型

HC-SR04 是目前比较流行且便宜的超声传感器之一。我们选择此传感器的理由如下：

- 检测范围为 2cm ~ 4m。
- 工作电压为 5V。
- 工作电流非常小，通常为 15mA。

使用这款传感器可以准确地检测障碍物。它也可以在 5V 电压下工作。图 5-6 展示了 HC-SR04 的外观及引脚分布。

图 5-6　超声传感器（https：//www.makerfabs.com/index.php?route = product/product&product_id = 72）

引脚及其功能如表 5-6 所示。

表 5-6　超声传感器引脚

引脚名称	功　　能
Vcc、GND	超声传感器的供电引脚，正常工作电压为 5V
Trig	传感器的输入引脚，需要外接一定周期的脉冲信号才能发射超声波
Echo	传感器的输出引脚，根据接收的触发脉冲信号的延时，输出一定宽度的脉冲信号

5.3.5　惯性测量单元

我们将在机器人中使用惯性测量单元（IMU）计算移动距离并估计机器人的位姿。由编码器单独计算的位移由于误差较大，可能不足以进行有效导航。为了在机器人运动（尤其是旋转）过程中减少误差，需要给机器人配置惯性测量单元。为此，我们选择 MPU 6050，原因如下：

- 在 MPU 6050 中，加速度计和陀螺仪集成在一块芯片中。
- 拥有高精度和高灵敏度。
- 能够连接磁力计以获得更好的 IMU 性能。
- MPU 6050 的分线板非常便宜。
- MPU 6050 可直接与开发板连接。
- MPU 6050 和开发板均可在 3.3V 电压下工作。

● 提供了软件库，可简化 MPU 6050 与开发板之间的连接。

图 5-7 展示了 MPU 6050 分线板。

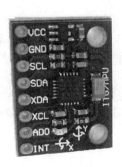

图 5-7　MPU 6050 设备

分线板主要引脚及其功能如表 5-7 所示。

表 5-7　MPU 6050 分线板引脚

引脚名称	功　能
VCC、GND	供电电压 2.3 ~ 3.4 V
INT	数据进入设备的缓冲区后，该引脚生成一个中断信号
SCL、SDA	用于 I2C 通信。SDA 为串行数据线，SCL 为串行时钟线
XCL、XDA	辅助串行时钟线与辅助串行数据线，用于与磁力计进行 I2C 通信

我们可以从亚马逊上购买分线板，网址为 http://a.co/9EBIquO。

5.3.6　Kinect/Orbbec Astra

Kinect 是一款 3D 视觉传感器，主要应用于 3D 视觉和运动类游戏。我们使用 Kinect 进行 3D 视觉处理。通过 Kinect，机器人将获得周围环境的 3D 图像。3D 图像转换成高精度的点，形成"点云"，点云数据包含周围环境全部的 3D 参数。

Kinect 在机器人上的主要用途是模拟激光扫描仪的功能。激光扫描仪数据对于 SLAM 算法构建环境地图至关重要。激光扫描仪是一种非常昂贵的设备，因此，为了不购买昂贵的激光扫描仪，我们将 Kinect 转换为虚拟激光扫描仪。Kinect 已停产，但我们仍可从某些供应商处买到。Kinect 的替代品之一是 Orbbec Astra（https://orbbec3d.com/product-astra/）。它同样支持为 Kinect 编写的软件。点云到激光数据的转换可以通过此软件完成，因此，如果使用的是 Astra，那么只需要更改设备驱动程序即可，软件的重置过程是相同的。生成环境地图后，机器人就可以根据周围的环境进行导航了。图 5-8 展示了 Kinect（图 5-8a）和 Orbbec Astra（图 5-8b）。

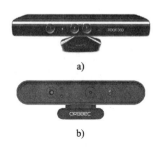

图 5-8   Kinect 和 Orbbec Astra

Kinect 包含一个红外摄像头、一个红外激光投射器以及一个 RGB 摄像头，其中红外摄像头和投射器可以生成周围环境的 3D 点云。它还有麦克风阵列和电动倾斜装置，可上下移动 Kinect。Astra 与 Kinect 非常相似。

我们可以从 http://www.amazon.co.uk/Xbox-360-Kinect-Sensor-Adventures/dp/B0036DDW2G 购买 Kinect，还可以从 https://orbbec3d.com/product-astra/购买 Astra。

5.3.7　中央处理单元

机器人主要由运行在 PC 上的导航算法控制，我们可以选择便携式计算机、小型台式机或上网本来进行机器人的功能处理。最近，英特尔公司推出了一款名为**英特尔下一代计算单元（Next Unit of Computing，NUC）**的小型台式机。它体积小、重量轻，并且具有英特尔 Celeron、Core i3 或 Core i5 等良好计算处理器。它最多可支持 16GB 的 RAM，并集成了 Wi-Fi/蓝牙。因此，我们选择英特尔 NUC 作为中央处理单元。相比于 Raspberry Pi（http://www.raspberrypi.org/）、Beagle Bone（http://beagleboard.org/）等处理器，我们需要计算性能更高的计算机，这也是选择英特尔 NUC 的另一主要原因。

我们使用的 NUC 型号是 Intel DN2820FYKH，其规格如下：

- 英特尔 Celeron 双核处理器，2.39GHz。
- 4GB RAM。
- 500GB 硬盘空间。
- 英特尔集成显卡。
- 耳机/麦克风插孔。

- 12V 供电电源。

图 5-9 展示了英特尔 NUC 小型计算机。

图 5-9　英特尔 NUC DN2820FYKH

我们可以在亚马逊（http：//a. co/2F2flYl）购买 NUC。

这种 NUC 模型是旧模型，如果不可用，则可以考虑下面链接中的低成本 NUC：

- 英 特 尔　NUC　BOXNUC6CAYH （ https：//www. intel. com/content/www/us/en/ products/boards-kits/nuc/kits/nuc6cayh. html）。
- 英特尔 NUC KIT NUC7CJYH （https：//www. intel. com/content/www/us/en/prod-ucts/boards-kits/nuc/kits/nuc7cjyh. html）。
- 英 特 尔　NUC　KIT　NUC5CPYH （ https：//www. intel. com/content/www/us/en/ products/boards-kits/nuc/kits/nuc5cpyh. html）。
- 英特尔 NUC KIT NUC7PJYH （https：//www. intel. com/content/www/us/en/prod-ucts/boards-kits/nuc/kits/nuc7pjyh. html）。

5.3.8　扬声器和麦克风

本章机器人的主要功能是自主导航。在此基础上，我们给机器人添加了一项可以与人对话的语音交互功能。机器人可以通过语音输入获得命令，也可以使用文本语音转换（Text-to-TTS）引擎与用户对话，该引擎可以将文本转换为语音格式。麦克风和扬声器对于此应用至关重要，其硬件选型没有特殊要求，只需要扬声器和麦克风拥有 USB 接口即可，也可使用蓝牙耳机。

5.3.9　电源和电池

电源是机器人硬件设备中重要的组成部分之一。在设计标准中，机器人的工作时间应超过一小时，电源电池的电压需要与各组件要求的电压匹配。如果想不影响机器人的有效载荷，那么电池的体积和重量都要比较小。

另一个需要考虑的问题是，整个电路所需的最大供电电流不能超过电池的最大输出电流。各组件所需的最大电压和电流分布如表 5-8 所示。

表 5-8　各组件电压和电流

组　　件	最大电流/A
英特尔 NUC	12V，5A
Kinect	12V，1A
电机	12V，0.7A
电机驱动器、超声传感器、IMU、扬声器	5V，小于 0.5A

为了符合设计标准，我们为机器人选择了 12V、10A·h 锂聚合物或密封铅酸（Sealed Lead Acid，SLA）电池。图 5-10 是可用于此目的的典型低成本 SLA 电池。

图 5-10　密封铅酸电池

我们可以从 http：//a.co/iOaMuZe 购买此电池。你可以根据自己的方便程度来选择电池，但应满足机器人的电源要求。

5.4　ChefBot 硬件的工作原理

我们可以使用图 5-11 中的框图来说明 ChefBot 硬件的工作原理。这是图 5-1 中框图的改进版，它给出了每个组件的电压及其互连关系。

本章主要目的是设计 ChefBot 的硬件，其中包括寻找合适的硬件组件以及了解各部分之间的互连关系。这款机器人的主要功能是执行自主导航。机器人的硬件设计针对自主导航进行了优化。

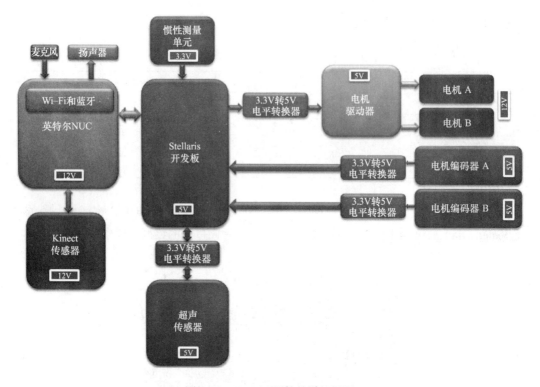

图 5-11　ChefBot 硬件的详细框图

机器人的驱动系统是差分驱动系统，该系统由两个电机和两个车轮组成，还有用于支撑主车轮的脚轮。两个电机可以通过调整其转动方向和转速使机器人在二维平面上向任意方向移动。

为了控制车轮的速度和方向，我们需要连接一个电机驱动器，这个电机驱动器应该能够同时控制两个电机，还应该能改变电机的转动方向和速度。

电机驱动器引脚与 Tiva-C 开发板的微控制器板连接，Tiva-C 开发板可以发送命令来更改电机的转动方向和速度。借助电平转换器，将电机驱动器与开发板连接。**电平转换器**是一种可以将电压电平从 3.3V 转换到 5V，也可以从 5V 转换到 3.3V 的电路。使用电平转换器，是因为电机驱动器的工作电压为 5V，而开发板的工作电压为 3.3V。

每个电机都有一个称为编码器的旋转反馈传感器，可用于判断机器人的位置。编码器通过电平转换器与开发板连接。

与开发板连接的其他传感器包括超声传感器和 IMU。超声传感器可以检测 Kinect 传感器无法检测到的物体。IMU 与编码器一起使用，可以很好地判断机器人的姿态。

所有传感器值均在开发板上接收，并通过 USB 发送到 PC。开发板运行的固件代码可以接收所有传感器值并将其发送到 PC。

PC 与 Kinect、开发板、扬声器和麦克风连接。PC 上运行着 ROS，它将接收 Kinect 数据并将其转换为等效的激光扫描仪数据。该数据可用于 SLAM 算法以构建环境地图。扬声器和麦克风用于用户和机器人之间的通信。在 ROS 节点中生成的速度命令将发送到开发板。开发板将处理速度命令，并将适当的 PWM 值发送至电机驱动器电路。

在设计和讨论了机器人硬件的工作原理后，我们将在下一章详细讨论每个组件的接口以及接口所需的固件编码。

5.5　本章小结

在本章中，我们研究了要设计的机器人的功能——自主导航。机器人可以通过分析传感器数据来根据周围环境进行导航。我们利用机器人框图讨论了机器人各硬件部分的功能，并针对各个功能模块的设计要求选定了组件的型号。本章还推荐了一些可以用来制作机器人的经济型组件。下一章将更深入地探讨机器人中的执行器，以及它们的连接方法。

5.6　习题

1. 机器人硬件设计指什么？
2. 什么是 H 桥电路？其功能是什么？
3. 机器人实现导航算法的主要组件是什么？
4. 选择机器人组件时必须牢记的标准是什么？
5. 在本章所讨论的机器人中，Kinect 主要用于实现什么功能？

5.7　扩展阅读

有关 Tiva-C 开发板的更多信息请参阅 http://processors. wiki. ti. com/index. php/ Getting_Started_with_the_TIVA%E2%84%A2_C_Series_TM4C123G_LaunchPad。

第 6 章

将执行器和传感器连接到机器人控制器

第 5 章中讨论了构建机器人所需的硬件组件的选型。机器人中的重要组件是执行器和传感器。执行器为机器人提供移动性,而传感器则提供有关机器人环境的信息。本章将重点讨论用于 ChefBot 机器人的不同类型的执行器和传感器,以及如何将它们与 Tiva-C 开发板进行连接。Tiva-C 开发板是美国德州仪器(TI)生产的 32 位 80 MHz 的 ARM 微控制器。我们将从讨论执行器开始。首先要讨论的执行器是带有编码器的直流减速电机。直流减速电机使用直流电源供电,采用齿轮减速器降低轴转速并提高最终轴的扭矩。这类电机性价比很高,可以满足我们的机器人设计要求,因此我们将在机器人原型中使用这种电机。

本章首先将讨论机器人驱动系统的设计。ChefBot 的驱动系统是差分驱动系统,由两个直流减速电机、两个编码器及电机驱动器组成。电机驱动器由 Tiva-C 开发板控制,我们将研究电机驱动器和正交编码器与 Tiva-C 开发板的连接问题。接着,我们将介绍一些新的执行器,这些执行器可以代替现有的带有编码器的直流减速电机。如果想让机器人获得更大的载荷和更高的精度,就必须更换为这些执行机器。最后,我们将介绍一些机器人常用的不同传感器。

本章将涵盖以下主题:

- 直流减速电机接入 Tiva-C 开发板的方法。
- 正交编码器接入 Tiva-C 开发板的方法。
- 接口代码的解读。
- Dynamixel 执行器的接入方法。
- 超声传感器与红外接近传感器的接入方法。

- 惯性测量单元（IMU）的接入方法。

6.1　技术要求

需要必要的机器人硬件组件并在 Ubuntu 16.04 LTS 中设置 Energia IDE。

6.2　直流减速电机接入 Tiva-C 开发板

在第 5 章中，我们选择了 Pololu 公司的一款带编码器的直流减速电机以及美国德州仪器（TI）公司的 Tiva-C 开发板。将电机与开发板进行连接需要以下组件：

- 两个 Pololu 公司的 37D×73L mm 型金属齿轮电机，其配套的编码器每转计数 64 次。
- Pololu 公司的 90×10mm 车轮及配套轮毂。
- Pololu 公司的双 VNH2SP30 电机驱动器 MD03A。
- 12V 密封铅酸电池或锂电池。
- 3.3V 到 5V 的逻辑电平转换器（https://www. sparkfun. com/products/11978）。
- Tiva-C 开发板及其匹配的连接线。

图 6-1 展示了两个电机与 Pololu 公司 H 桥电机驱动器的连接电路。

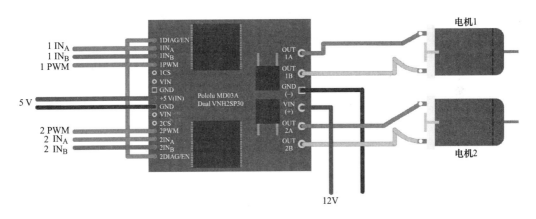

图 6-1　电机连接电路

为了实现电机驱动器与开发板的连接，需要在二者之间加入一个电平转换器。电机驱动器的工作电压为 5V，而开发板的工作电压为 3.3V，因此必须连接一个电平转换器，如图 6-2 所示。

两个直流减速电机分别连接到电机驱动器的 OUT1A、OUT1B 和 OUT2A、

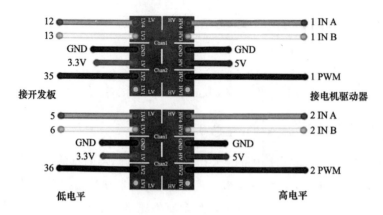

图6-2   电平转换器电路

OUT2B。VIN(+)和GND(-)为电机提供12V的供电电源,确保直流电机可以正常工作。电机驱动器支持5.5V至16V的输入电压。

电机驱动器的控制信号/输入引脚在驱动器的左侧。第一个引脚是1DIAG/EN,大多数情况下都不会用到这个引脚。在该驱动器板上,不用的引脚需要从外部拉高。该引脚的主要用途是启用或禁用H桥芯片,还用于监视H桥电路的故障状态。引脚 $1IN_A$ 和 $1IN_B$ 控制电机的转向。1PWM引脚将电机切换为开启或关闭状态。我们使用PWM引脚实现速度控制。CS引脚将感应输出电流,每1安培输出电流将输出0.13V。VIN和GND引脚提供和电机一样的输入电压,不过这里不使用这两个引脚,而是由+5V(IN)和GND为电机驱动电路供电。电机驱动器与电机使用不同的供电电源。

表6-1展示了输入输出组合的真值表。

表6-1   输入输出组合真值表

IN_A	IN_B	DIAGA/ENA	DIAGB/ENB	OUTA	OUTB	CS	工作模式
1	1	1	1	H	H	高电平	Vcc 制动
1	0	1	1	H	L	$Isense = Iout/K$	顺时针方向转动
0	1	1	1	L	H	$Isense = Iout/K$	逆时针方向转动
0	0	1	1	L	L	高电平	GND 制动

DIAG/EN引脚始终为高电平,因为它通过外部接线被拉高。使用表6-1信号组合,机器人可以向任意方向移动。通过调节PWM信号,我们能够控制电机转速。以上便是利用H桥电路控制直流电机的基本逻辑。

将电机与开发板连接的过程中，需要用到电平转换器。这是因为开发板的输出引脚只能提供3.3V的电压，而电机驱动器需要5V的触发电压，因此，必须在它们之间连接一个3.3V到5V的逻辑电平转换器才能开始工作。

两个电机在差分传动机制下工作。下一节将讨论差分驱动的工作原理。

6.2.1　差分驱动轮式机器人

我们设计的机器人是差分驱动轮式机器人。在差分驱动轮式机器人中，运动基于两个安装在机器人两侧独立驱动的车轮，改变两个车轮的相对转速便可以改变机器人的运动方向，因此不需要额外的转向运动。为了使机器人保持平衡，还需要添加一个万向轮或两个脚轮。图6-3展示了一个典型的差分驱动系统。

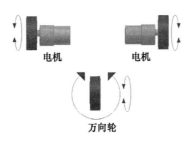

图6-3　差分驱动轮式机器人

如果两个电机转向一致，机器人将向前或向后移动。如果一个电机的转速比另一个快，那么机器人则向转速较慢的一侧旋转。因此，如果想要机器人左转，则需要使右侧电机比左侧电机转得快。图6-4展示了两个电机在机器人上的安装结构，它们分别挂载在底座的左右两侧，另外两个脚轮则安装在底座的前后两侧以使机器人保持平衡。

接下来，我们需要根据真值表数据使用开发板对电机驱动器进行编程。编程使用名为Energia（http://energia.nu/）的IDE进行。我们正在使用C++语言对开发板进行编程，这与Arduino开发板非常相似（http://energia.nu/Reference_Index.html）。

6.2.2　安装Energia IDE

最新版本的Energia参见http://energia.nu/download/。

我们主要讨论在64位Ubuntu 16.04 LTS环境中安装Energia的步骤，使用的Energia版本为0101E0018。

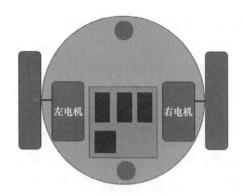

图 6-4　机器人底座俯视图

（1）下载适用于 64 位 Linux 系统的 Energia 安装文件。

（2）将 Energia 安装文件解压到用户的 Home 文件夹中。

（3）设置 Tiva-C 开发板的说明参见 http://energia. nu/guide/guide_linux/。

（4）从 http://energia. nu/files/71-ti-permissions. rules 下载 71 - ti - permis-sions. rules 文件。

（5）规则文件将授予用户对开发板进行读取和写入的权限。你需要将文件另存为 71 - ti - permissions. rules，并从当前路径执行以下命令，将规则文件复制到系统文件夹中以获得许可：

```
$ sudo mv 71-ti-permissions.rules /etc/udev/rules.d/
```

（6）复制文件后，执行以下命令激活规则：

```
$ sudo service udev restart
```

（7）将 Tiva-C 开发板插入计算机并在 Linux Terminal 中执行 dmesg 命令，查看 Linux 内核日志。如果已创建，则在消息末尾将显示一个串行端口设备，如图 6-5 所示。

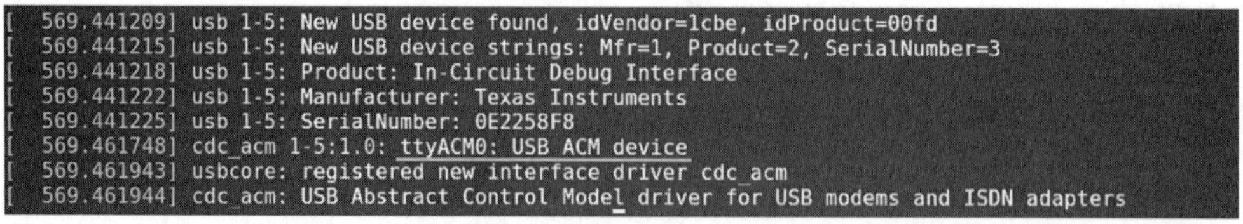

```
[  569.441209] usb 1-5: New USB device found, idVendor=1cbe, idProduct=00fd
[  569.441215] usb 1-5: New USB device strings: Mfr=1, Product=2, SerialNumber=3
[  569.441218] usb 1-5: Product: In-Circuit Debug Interface
[  569.441222] usb 1-5: Manufacturer: Texas Instruments
[  569.441225] usb 1-5: SerialNumber: 0E2258F8
[  569.461748] cdc_acm 1-5:1.0: ttyACM0: USB ACM device
[  569.461943] usbcore: registered new interface driver cdc_acm
[  569.461944] cdc_acm: USB Abstract Control Model driver for USB modems and ISDN adapters
```

图 6-5　显示串行端口设备

（8）如果可以看到串行端口设备，请使用文件夹内以下命令启动 Energia：

$./energia

Energia IDE 如图 6-6 所示。

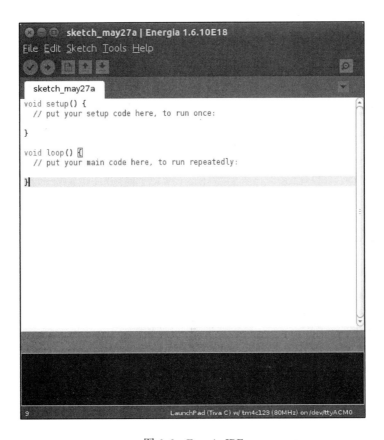

图 6-6   Energia IDE

我们需要在 IDE 中选择开发板 tm4c123 来编译特定于该板的代码。为此，我们需要安装此板的软件包。可以选择 Tools→Boards→Boards Manager，安装软件包（见图 6-7）。

（9）安装软件包后，导航到 Tools→Boards→LaunchPad（Tiva C）w/tm4c123（80MHz）选择开发板，如图 6-8 所示。

（10）然后，导航到 Tools→Serial Port→/dev/ttyACM0 选择串行端口，如图 6-9 所示。

（11）使用 Upload 按钮编译并上传代码。Upload 按钮将完成两个过程，图 6-10 显示成功上传。

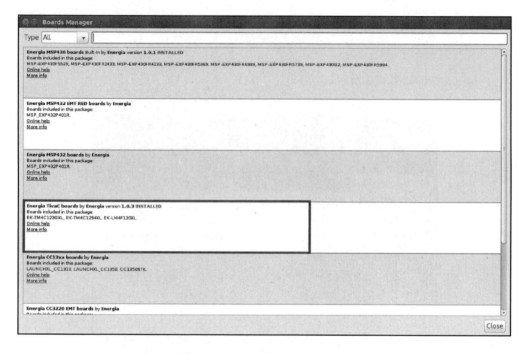

图 6-7　Energia 的 Boards Manager

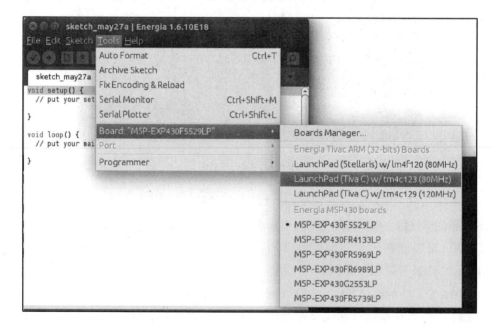

图 6-8　Energia 开发板选择

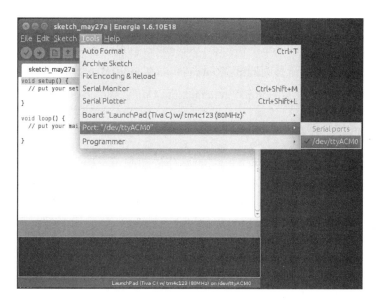

图 6-9   Energia 串行端口选择

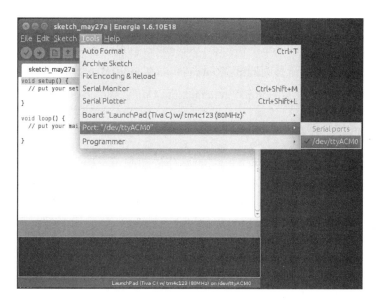

图 6-10   上传代码

访问以下链接可在 Linux、Mac OS X 和 Windows 上安装 Energia：

- 对于 Linux，请参阅 http://energia. nu/guide/guide_linux/。
- 对于 Mac OS X，请参阅 http://energia. nu/Guide_MacOSX. html。
- 对于 Windows，请参阅 http://energia. nu/Guide_Windows. html。

6.2.3 电机接口代码

下面的代码可以用来测试两个电机的差分传动配置是否成功。这段代码使机器人向前运动 5s，然后向后运动 5s，接下来向左移动 5s，再向右移动 5s。每一项运动之间的时间间隔为 1s。

在代码的开头，定义两个电机的 IN_A、IN_B、PWM 引脚，如下所示：

```
///Left Motor  Pins
#define INA_1 12
#define INB_1 13
#define PWM_1 PC_6

///Right Motor Pins
#define INA_2 5
#define INB_2 6
#define PWM_2 PC_5
```

开发板的引脚说明请参见 http://energia. nu/pin - maps/guide_tm4c123launchpad/。

接下来的一段代码包含 5 个函数，前 4 个函数分别用来实现机器人的向前、向后、向左、向右运动，第 5 个函数的功能则是使机器人停止运动。digitalWrite() 函数用来使特定的引脚输出数字量，它的第一个参数为引脚号，第二个参数为待写的数字量，该数字量可以是 HIGH 也可以是 LOW。analogWrite() 函数用来使特定的引脚输出 PWM 信号，它的第一个参数也为引脚号，第二个参数则是 PWM 值，PWM 值的取值范围为 0~255。当 PWM 信号的占空比较大时，电机驱动器开通时间较长，电机转动较快；当 PWM 信号的占空比较小时，电机驱动器开通时间较短，电机转动较慢。现在，我们让电机全速转动：

```
void move_forward()
{
    //Setting CW rotation to and Left Motor  and CCW to Right Motor
    //Left Motor
    digitalWrite(INA_1,HIGH);
    digitalWrite(INB_1,LOW);
    analogWrite(PWM_1,255);
```

```
    //Right Motor
    digitalWrite(INA_2,LOW);
    digitalWrite(INB_2,HIGH);
    analogWrite(PWM_2,255);
}

//////////////////////////////////////////////////

void move_left()
{
    //Left Motor
    digitalWrite(INA_1,HIGH);
    digitalWrite(INB_1,HIGH);
    analogWrite(PWM_1,0);
    //Right Motor
    digitalWrite(INA_2,LOW);
    digitalWrite(INB_2,HIGH);
    analogWrite(PWM_2,255);
}

//////////////////////////////////////////////////

void move_right()
{
    //Left Motor
    digitalWrite(INA_1,HIGH);
    digitalWrite(INB_1,LOW);
    analogWrite(PWM_1,255);
    //Right Motor
    digitalWrite(INA_2,HIGH);
    digitalWrite(INB_2,HIGH);
    analogWrite(PWM_2,0);
}

//////////////////////////////////////////////////

void stop()
{
    //Left Motor
    digitalWrite(INA_1,HIGH);
    digitalWrite(INB_1,HIGH);
    analogWrite(PWM_1,0);
    //Right Motor
    digitalWrite(INA_2,HIGH);
    digitalWrite(INB_2,HIGH);
```

```
    analogWrite(PWM_2,0);
}

/////////////////////////////////////////////////

void move_backward()

{
    //Left Motor
    digitalWrite(INA_1,LOW);
    digitalWrite(INB_1,HIGH);
    analogWrite(PWM_1,255);
    //Right Motor
    digitalWrite(INA_2,HIGH);
    digitalWrite(INB_2,LOW);
    analogWrite(PWM_2,255);
}
```

我们首先需要将两个电机的 INA、INB 引脚设置为 OUTPUT 模式，这样才能控制其输出 HIGH、LOW 电平。pinMode() 函数用来设置 I/O 引脚的输入输出模式，它的第一个参数为需要进行设置的引脚号，第二个参数为模式类型（输入型或输出型）。如果要将引脚设置为输出模式，pinMode() 函数的第二个参数则为 OUTPUT；如果要设置为输入模式，第二个参数则为 INPUT，如以下代码所示。PWM 引脚无须进行输出模式的设置，因为 analogWrite() 函数可以直接使引脚输出 PWM 信号，不需要先调用 pinMode() 函数：

```
void setup()
{
    //Setting Left Motor pin as OUTPUT
     pinMode(INA_1,OUTPUT);
     pinMode(INB_1,OUTPUT);
     pinMode(PWM_1,OUTPUT);

    //Setting Right Motor pin as OUTPUT
     pinMode(INA_2,OUTPUT);
     pinMode(INB_2,OUTPUT);
     pinMode(PWM_2,OUTPUT);
}
```

以下代码片段是主循环函数，它调用 move_forward()、move_backward()、move_left()、move_right() 函数后各延时 5s 以保持当前的运动状态。每完成一项动作后，机器人停止运动 1s：

```
void loop()
{
  //Move forward for 5 sec
move_forward();
delay(5000);
  //Stop for 1 sec
stop();
delay(1000);

  //Move backward for 5 sec
move_backward();
delay(5000);
  //Stop for 1 sec
stop();
delay(1000);

  //Move left for 5 sec
move_left();
delay(5000);
  //Stop for 1 sec
stop();
delay(1000);

  //Move right for 5 sec
move_right();
delay(5000);
  //Stop for 1 sec
stop();
delay(1000);
}
```

6.3　正交编码器接入 Tiva-C 开发板

车轮编码器是附加到电机的传感器，用于感应车轮的旋转数。如果知道转数，就可以计算出车轮的速度和位移。

对于该机器人，我们选择了带有内置编码器的电机。该编码器属于正交型编码器，可以同时感测电机的方向和速度。编码器使用不同类型的传感器（例如光学传感器和霍尔传感器）来检测这些参数。该编码器使用霍尔传感器检测电机的转动参数。正交编码器有两个通道（通道 A 和通道 B），每个通道分别生成一路数字信号，两路信号的相角相差 90°。图 6-11 展示了典型正交编码器的波形。

如果电机顺时针旋转，通道 A 的信号波形领先于通道 B；如果电机逆时针旋转，通道 B 的信号波形则领先于通道 A。此数据有助于检测电机的旋转方向。下一节讨论如何将编码器输出转换为有用的测量值，例如位移和速度。

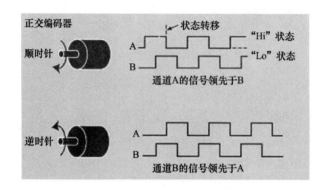

图 6-11　正交编码器波形

6.3.1　编码器数据的处理

编码器数据包括两路脉冲输出信号，这两路信号的相角相差90°。通过读取该数据，我们可以确定电机的旋转方向和转数，进而计算出机器人的位移和速度。

与编码器分辨率相关的参数有每转脉冲数（Pulses Per Revolution，PPR）或每转刻线数（Lines Per Revolution，LPR）和每转计数数（Counts Per Revolution，CPR）。PPR 表示电机最终轴每旋转一周，编码器单个通道生成的脉冲个数（电平由 0 变为 1 计为一个脉冲）。有些制造商常使用 CPR 作为编码器分辨率的单位。由于每个脉冲都包含两个沿（上升沿和下降沿），每个编码器拥有两路具有 90°相角差的通道（A 和 B），因此沿的总数是 PPR 的 4 倍。大多数正交信号接收器使用所谓的 4X 解码来对编码器 A 和 B 通道的所有沿进行计数，与原始 PPR 值相比可产生 4 倍分辨率。

我们使用的 Pololu 电机的电机轴 CPR 为 64，相应的变速箱输出轴 CPR 为 8400，即电机最终轴完成一周旋转，变速箱输出轴的编码器计数 8400 次。图 6-12 展示了依据编码器通道输出信号的计数方法。

编码器的技术手册会给出每转计数，它是通过计算编码器输出信号的沿变化次数得到的，编码器通道的一个脉冲对应 4 个计数。因此，要在电机中获得 8400 个计数，PPR 值为 8400/4 = 2100。从图 6-12 中，我们能够计算出电机旋转一周编码器的计数值，但是无法确定电机的转向。机器人无论前进还是后退，编码器计数值的表现都是一样的。因此，感测方向对于解码信号很重要。图 6-13 展示了解码编码器脉冲信号的方法。

观察图 6-13 所示的信号，可以发现它符合 2 位格雷码的编码特征，相邻两个数之间仅有一位的数值不同。格雷码（http://en. wikipedia. org/wiki/Gray_code）是旋转编码器常用的高效编码方式。

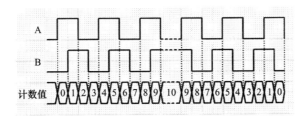

图 6-12　编码器通道输出波形及计数波形

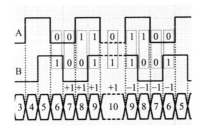

图 6-13　通过编码器脉冲检测电机转向

我们可以通过状态转移来预测电机的旋转方向。状态转移表如表 6-2 所示。

表 6-2　编码器状态转移表

状　　态	顺时针方向旋转	逆时针方向旋转
0, 0	0, 1 到 0, 0	1, 0 到 0, 0
1, 0	0, 0 到 1, 0	1, 1 到 1, 0
1, 1	1, 0 到 1, 1	0, 1 到 1, 1
0, 1	1, 1 到 0, 1	0, 0 到 0, 1

如果在状态转移图中表示，将更加方便，如图 6-14 所示。

收到此格雷码后，我们可以使用微控制器处理脉冲。电机的通道引脚必须连接到微控制器的中断引脚。因此，当通道具有沿跳变时，它将在引脚上产生中断或触发，并且如果该引脚上有任何中断到达，则将在微控制器程序内执行中断服务程序（或简单函数）。它可以读取两个引脚的当前状态。根据引脚的当前状态和先前的值，

我们可以确定旋转方向, 并可以确定是否要增加或减少计数。这就是编码器处理的
基本逻辑。

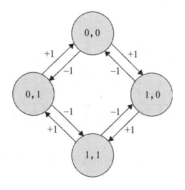

图 6-14　编码器状态转移图

获得计数后, 我们可以计算出车轮的旋转角度: 转角 = (计数值/CPR) × 360,
单位为度 (°)。如果将 CPR 替换为 8400, 则等式变为: 转角 = 0.04285 × 计数值,
也就是说, 电机每旋转 1°, 编码器计数值改变 24 次, 即单个编码器输出通道产生 6
个脉冲。

图 6-15 展示了电机编码器与 Tiva-C 开发板的连接电路。

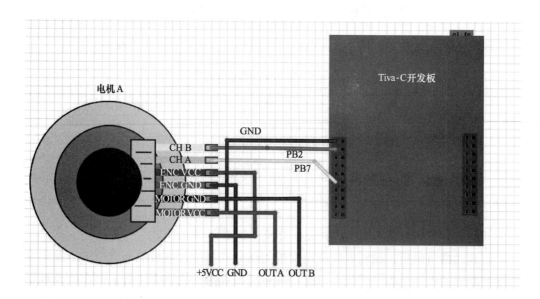

图 6-15　将编码器连接到开发板

在图 6-15 可以看到，电机引脚 CH A 和 CH B 是电机编码器的输出。这些引脚连接到了 Tiva-C 开发板的 PB2 和 PB7 引脚。ENC VCC 和 ENC GND 引脚是编码器的电源引脚，因此必须为这些引脚提供 + 5V 和 GND。剩下的一组引脚用于为电机供电。MOTOR VCC 和 MOTOR GND 分别标记为 OUT A 和 OUT B，它们直接连到电机驱动器以控制电机速度。

编码器输出脉冲的最大电压电平在 0 ~ 5V 之间。在本例中，我们可以直接将编码器与开发板相连，因为它可以接收高达 5V 的输入，也可以使用 3.3V 到 5V 的电平转换器，就像之前用于电机驱动器连接时那样。

下一节，我们将在 Energia 中编写用以测试正交编码器的代码，确保能够从编码器中获得正确的计数值。

6.3.2　正交编码器接口代码

这部分代码的主要功能是，获取左右两个电机编码器的计数值并通过串口显示出来。本例中的两个编码器采取 2X 解码方案，因此计数值在原始脉冲数的基础上乘以 2，最终的 CPR 为 4200。代码的第一段分别定义了编码器两个输出通道的引脚，同时对编码器的计数值变量进行了声明。注意，编码器变量的数据类型前使用了 volatile 关键字。普通变量存储在 CPU 寄存器中，而用 volatile 关键字的变量存储在 RAM 中。编码器计数值变化非常快，使用普通变量可能无法匹配计数精度，因此这里需要使用 volatile 关键字，如下所示：

```
//Encoder pins definition

// Left encoder

#define Left_Encoder_PinA 31
#define Left_Encoder_PinB 32

volatile long Left_Encoder_Ticks = 0;

//Variable to read current state of left encoder pin
volatile bool LeftEncoderBSet;

//Right Encoder

#define Right_Encoder_PinA 33
#define Right_Encoder_PinB 34
volatile long Right_Encoder_Ticks = 0;
//Variable to read current state of right encoder pin
volatile bool RightEncoderBSet;
```

下面一段代码定义了 setup() 函数。在 Energia 中, setup() 是一个内置函数, 用于初始化以及一次性执行变量和函数。在 setup() 内部, 我们以 115 200 的波特率初始化串行数据通信, 并调用用户定义的 SetupEncoders() 函数来初始化编码器的引脚。串行数据通信主要用于通过串行终端检查编码器计数:

```
void setup()
{
    //Init Serial port with 115200 buad rate
  Serial.begin(115200);
  SetupEncoders();
}
```

SetupEncoders() 的定义在下面的代码中给出。为了接收编码器的输出脉冲, 需要用到开发板上的两个输入引脚。配置过程是将选定的引脚设置为输入引脚模式, 并且使能它的上拉电阻。attachInterrupt() 函数将编码器其中一个引脚设置为中断输入引脚, 该函数包含 3 个参数。第一个参数是待设置的引脚号, 第二个参数指定中断服务程序 (Interrupt Service Routine, ISR), 第三个参数是中断条件, 即中断必须触发 ISR 的条件。在此代码中, 我们将左右编码器引脚的 PinA 配置为中断, 当脉冲上升时, 它将调用中断服务程序:

```
void SetupEncoders()
{
  // Quadrature encoders
  // Left encoder
  pinMode(Left_Encoder_PinA, INPUT_PULLUP);
  // sets pin A as input
  pinMode(Left_Encoder_PinB, INPUT_PULLUP);
  // sets pin B as input
  attachInterrupt(Left_Encoder_PinA, do_Left_Encoder, RISING);

  // Right encoder
  pinMode(Right_Encoder_PinA, INPUT_PULLUP);
  // sets pin A as input
  pinMode(Right_Encoder_PinB, INPUT_PULLUP);
  // sets pin B as input

  attachInterrupt(Right_Encoder_PinA, do_Right_Encoder, RISING);
}
```

以下代码是 Energia 中的内置 loop() 函数。loop() 是一个无限循环函数, 执行程序的主体代码。在此代码中, loop() 函数调用 Update_Encoders() 函数, 通过串行终端连续打印编码器计数值:

```
void loop()
{
  Update_Encoders();
}
```

以下代码是 Update_Encoders() 函数的定义。它在一行中以起始字符 e 打印两个编码器计数值,计数值由制表符空格分隔。Serial.print() 函数是一个内置函数,其参数即为需要向串口发送的字符或字符串:

```
void Update_Encoders()
{
  Serial.print("e");
  Serial.print("t");
  Serial.print(Left_Encoder_Ticks);
  Serial.print("t");
  Serial.print(Right_Encoder_Ticks);
  Serial.print("n");
}
```

下面是左右两个编码器中断服务程序的代码。中断输入引脚检测到输入信号的上升沿后,开始执行相应的中断程序。本例中,两个编码器连接的中断输入引脚都位于 PinA 上。检测到信号上升沿后,可以认为该中断输入引脚的输入信号处于高电平状态,因此不必再读取该引脚的电平值,只需要读取对应的 PinB 引脚的输入电平状态并存入 LeftEncoderBSet 或 RightEncoderBSet 变量中。当前状态与 PinB 上一时刻的状态进行比较,便可依据状态转移表获得电机的转向信息,并确定编码器的计数方向:

```
void do_Left_Encoder()
{
  LeftEncoderBSet = digitalRead(Left_Encoder_PinB);
  // read the input pin
  Left_Encoder_Ticks -= LeftEncoderBSet ? -1 : +1;
}

void do_Right_Encoder()
{
  RightEncoderBSet = digitalRead(Right_Encoder_PinB);
  // read the input pin
  Right_Encoder_Ticks += RightEncoderBSet ? -1 : +1;
}
```

上传草图并使用 Energia 中的串行监视器查看输出。导航到 Tools→Serial monitor。手动移动两个电机,就会看到计数值发生变化。在串行监视器中设置波特率,该波特率与代码中初始化的波特率相同，即 115 200。输出效果如图 6-16 所示。

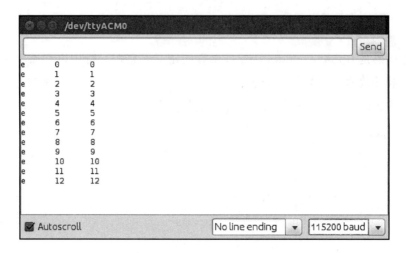

图 6-16　串行监视器中显示的编码器计数值

　　如果希望机器人运动精确度更高、有效载荷更大，那就必须考虑使用质量更高的执行器，如 Dynamixel。Dynamixel 伺服器是一款智能执行器，它内置了 PID 控制器，可以监视伺服器和编码器的多个参数（力矩、位置等）。在本例的机器人中，我们不使用 Dynamixel。

6.4　使用 Dynamixel 执行器

　　Dynamixel 是由一家韩国公司 ROBOTIS 开发的网络化执行器，扩展性强，可实时反馈功率、位置、速度、内部温度、输入电压等，现已获得许多公司、高校以及爱好者的认可，被广泛应用于机器人设计中。

　　Dynamixel 能够以菊花链的方式连接。菊花链是一种串联型的设备连接方式，即通过被连接设备与下一个设备相连，所有连接的设备均可被同一个控制器控制。Dynamixel 通过 RS485 或 TTL 进行通信。Dynamixel 的购买链接为 http://www.robotis.com/xe/dynamixel_en。

　　Dynamixel 的接入方法非常简单，它自带一个名为 USB2Dyanmixel 的控制器，该控制器可以将 USB 信号转换为适用于 Dynamixel 的 TTL/RS485 信号。图 6-17 展示了 Dynamixel 的连接图。

　　ROBOTIS 提供 Dynamixel SDK，用于访问电机寄存器；我们可以对 Dynamixel 寄

存器进行读取和写入，并检索数据（例如位置、温度、电压等）。

图 6-17　Dynamixel 执行器与 PC 的接口

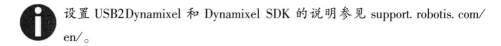 设置 USB2Dynamixel 和 Dynamixel SDK 的说明参见 support. robotis. com/
en/。

Dynamixel 还可以用 Python 库进行编程，其中一个常用库是 pydynamixel，Windows 和 Linux 系统均有其适用的版本，pydynamixel 支持 RX、MX、EX 等系列的伺服器。

我们可以从 https：//pypi. python. org/pypi/dynamixel/下载 pydynamixel Python 软件包。

下载软件包并将其解压缩到 home 文件夹中。打开终端/DOS 提示符并执行以下命令：

```
sudo python setup.py install
```

安装软件包后，可以尝试下面的 Python 示例，以测试伺服器是否连接上了 USB2Dynamixel，并向伺服器发送随机的位置指令，此示例适用于 RX 和 MX 伺服器：

```
#!/usr/bin/env python
```

以下代码将导入此示例所需的 Python 模块，也包括 Dynamixel Python 模块：

```
import os
import dynamixel
import time
import random
```

以下代码定义了 Dynamixel 通信参数所需的主要参数。nServos 变量表示连接到总线的 Dynamixel 伺服器的数量。portName 变量表示与 Dynamixel 伺服器连接的 USB2Dynamixel 的串行端口。baudRate 变量是 USB2Dynamixel 和 Dynamixel 的通信速度：

```
# The number of Dynamixels on our bus.
nServos = 1

# Set your serial port accordingly.
if os.name == "posix":
    portName = "/dev/ttyUSB0"
else:
    portName = "COM6"
# Default baud rate of the USB2Dynamixel device.
baudRate = 1000000
```

以下代码是连接到 Dynamixel 伺服器的 Dynamixel Python 函数。如果已连接，程序将打印它并扫描通信总线以查找从 ID 号码（1~255）开始的伺服器数量。伺服器 ID 是每个伺服器的标识。我们将 nServos 设置为 1，这样在总线上查找到一个伺服器后便会停止扫描：

```
# Connect to the serial port
print "Connecting to serial port", portName, '...',
serial = dynamixel.serial_stream.SerialStream( port=portName,
baudrate=baudRate, timeout=1)
print "Connected!"
net = dynamixel.dynamixel_network.DynamixelNetwork( serial )
net.scan( 1, nServos )
```

以下代码会将 Dynamixel ID 和伺服对象附加到 myActutors 列表。我们可以使用伺服器 ID 和伺服对象将伺服值写入每个伺服器，使用 myActutors 列表进行进一步处理：

```
# A list to hold the dynamixels
myActuators = list()
print myActuators

This will create a list for storing  dynamixel actuators details.

print "Scanning for Dynamixels...",

for dyn in net.get_dynamixels():
    print dyn.id,
    myActuators.append(net[dyn.id])
print "...Done"
```

下面的代码对每一个接入总线的 Dynamixel 执行器进行随机位置设置，随机位置数值的输入范围为 450~600，Dynamixel 实际位置的范围为 0~1023。这段代码还设置了伺服器的其他参数，如 speed、torque、torque_limit 及 max_torque 等：

```
# Set the default speed and torque
for actuator in myActuators:
    actuator.moving_speed = 50
    actuator.synchronized = True
    actuator.torque_enable = True
    actuator.torque_limit = 800
    actuator.max_torque = 800
```

以下代码将打印当前执行器的当前位置信息：

```
# Move the servos randomly and print out their current positions
while True:
    for actuator in myActuators:
        actuator.goal_position = random.randrange(450, 600)
    net.synchronize()
```

以下代码将从执行器读取所有数据：

```
    for actuator in myActuators:
        actuator.read_all()
        time.sleep(0.01)

    for actuator in myActuators:
        print actuator.cache[dynamixel.defs.REGISTER['Id']],
actuator.cache[dynamixel.defs.REGISTER['CurrentPosition']]

    time.sleep(2)
```

6.5 使用超声测距传感器

导航是移动机器人的重要功能之一。理想的导航功能意味着机器人可以规划从当前位置到目的地的路径，并且可以毫无阻碍地移动。我们在该机器人中使用了超声测距传感器，以检测 Kinect 传感器无法检测到的近处物体。Kinect 和超声传感器的组合为该机器人提供了理想的避障方法。

超声测距传感器的工作方式如下。发射器发出人耳听不到的超声波，发送超声波后，它将等待发射波的回波。如果没有回波，则表示机器人前方没有障碍物。如果接收传感器接收到回波，则会在接收器上产生一个脉冲，利用脉冲信号可以计算出声波由传感器到达障碍物又返回传感器的时间，进而计算得到障碍物的距离：

$$声速 \times 时间间隔/2 = 到障碍物的距离$$

在这里，声速取 340m/s。

大多数超声测距传感器的距离范围为 2 ~ 400cm。在此机器人中，我们使用的超声传感器模块的型号是 HC-SR04。下面，我们将介绍 HC-SR04 如何接入 Tiva-C 开发板以获取与障碍物距离的方法。

HC-SR04 接入 Tiva-C 开发板

图 6-18 展示了 HC-SR04 超声传感器与 Tiva-C 开发板的连接电路。

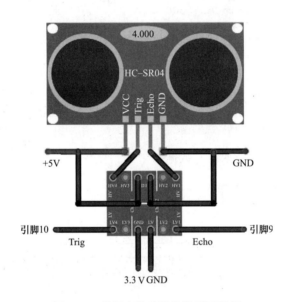

图 6-18   将超声传感器连接到开发板

超声传感器的工作电压为 5V，该传感器的输入/输出也是 5V，因此需要在 Trig 和 Echo 引脚上使用电平转换器来连接 3.3V 电平开发板。在电平转换器中，我们需要施加高电压电平（即 5V）和低电压电平（即 3.3V），如图 6-18 所示，以从一个电平切换到另一电平。Trig 和 Echo 引脚连接在电平转换器的高压侧，低压侧连接到开发板。Trig 引脚和 Echo 引脚分别连接到开发板的第 10 和第 9 引脚。连接传感器后，我们可以看到如何对两个 I/O 引脚进行编程。

HC-SR04 的工作原理

图 6-19 展示了每个引脚上的波形时序。我们需要在 Trig（触发）输入端施加一个 10μs 的短脉冲开始测距，然后该模块将以 40kHz 的频率发送一个八周期的超声波脉冲并获取其回声（Echo）。接收到回声后，传感器输出一个脉冲，该脉冲的脉宽与到障碍物的距离呈一定的比例关系。你可以使用以下公式通过发送触发信号和接收回波信号之间的时间间隔计算距离：

到障碍物的距离 = Echo 引脚高电平的持续时间 × 声速(340m/s)/2

为了防止 Echo、Trig 两路信号出现重叠，Trig 引脚输入脉冲之间的时间间隔应不小于 60ms。

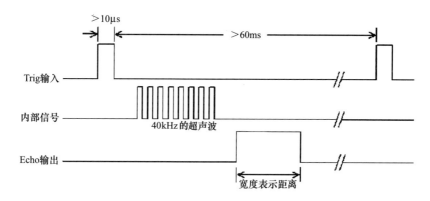

图 6-19 超声传感器的输入输出波形

Tiva-C 开发板的接口代码

以下是开发板读取超声传感器的输出数据并将结果通过串行端口显示出来的 Energia 代码。

以下代码定义了开发板与超声传感器的 Echo、Trig 引脚连接的引脚，同时定义了脉宽和到障碍物的距离的变量，单位为 cm：

```
const int echo = 9, Trig = 10;
long duration, cm;
```

以下代码段是一个 setup() 函数。setup() 函数主要用来实现初始化变量、设置引脚模式、启动相关函数库等功能，通常在程序的开头处调用。在开发板上电或复位后，setup() 函数只会运行一次。setup() 将串行通信波特率设置为 115 200，并调用 SetupUltrasonic() 函数设置超声传感器处理引脚的模式：

```
void setup()
{
  //Init Serial port with 115200 baud rate
  Serial.begin(115200);
  SetupUltrasonic();
}
```

以下是超声传感器的设置功能，它将 Trig 引脚配置为 OUTPUT 模式，将 Echo 引脚配置为 INPUT 模式。pinMode() 函数用于将引脚设置为 INPUT 或 OUTPUT 模式：

```
void SetupUltrasonic()
{
 pinMode(Trig, OUTPUT);
 pinMode(echo, INPUT);
}
```

创建用于初始化和设置初始值的 setup() 函数后，loop() 函数将按照其名称的含义准确执行并连续循环，从而允许程序进行更改和响应。使用它可以主动控制开发板。

下面的代码是主循环。该函数是一个无限循环，它调用 Update_Ultra_Sonic() 函数，通过串行端口更新并打印超声读数：

```
void loop()
{
    Update_Ultra_Sonic();
    delay(200);
}
```

以下代码是 Update_Ultra_Sonic() 函数的定义。此函数将执行以下操作。首先，它将 Trig 引脚置于 LOW（低电平）状态 2μs，再置于 HIGH（高电平）状态 10μs。10μs 后，它再次将引脚恢复为低电平状态。这样就对传感器的 Trig 引脚输入了一个脉宽为 10μs 的触发脉冲信号，与时序图相符。

触发 10μs 后，我们必须从 Echo 引脚读取持续时间。持续时间是声波从传感器传播到物体再从物体传播到传感器接收器所花费的时间。我们可以使用 pulseIn() 函数读取脉冲持续时间。获取持续时间后，可以使用 microsecondsToCentimeters() 函数将时间转换为距离，如以下代码所示：

```
void Update_Ultra_Sonic()
{
  digitalWrite(Trig, LOW);
  delayMicroseconds(2);
  digitalWrite(Trig, HIGH);
  delayMicroseconds(10);
  digitalWrite(Trig, LOW);

  duration = pulseIn(echo, HIGH);
  // convert the time into a distance
  cm = microsecondsToCentimeters(duration);
  //Sending through serial port
  Serial.print("distance=");
  Serial.print("t");
  Serial.print(cm);
  Serial.print("n");
}
```

以下代码是将脉宽时间（μs）转换为到障碍物的距离（cm）的转换函数。声速为 340m/s，即 29μs/cm，因此，到障碍物的距离 = 脉宽时间/29/2：

```
long microsecondsToCentimeters(long microseconds)
{
return microseconds / 29 / 2;
}
```

上传代码后，从 Tools→Serial Monitor 下的 Energia 菜单中打开串行监视器，将波特率更改为 115 200。超声传感器值显示在如图 6-20 所示的窗口中。

图 6-20   Energia 串行监视器中超声测距传感器的输出

使用 Python 连接 Tiva-C 开发板

本节将研究如何将 Tiva-C 开发板与 Python 连接，并从计算机中的开发板接收数据。

PySerial 模块可用于连接开发板与 Python。有关 PySerial 的详细文档及其在 Windows、Linux 和 OS X 上的安装过程，请参见 http://pyserial.sourceforge.net/pyserial.html。

PySerial 在 Ubuntu 软件包管理器中可用，可以在终端中使用以下命令将其轻松安装在 Ubuntu 中：

```
$ sudo apt-get install python-serial
```

安装 python – serial 软件包后，我们可以编写 Python 代码来连接开发板。接口代码见 6.6 节。

以下代码导入 Python serial 模块和 sys 模块。serial 模块处理开发板的串行端口，并执行读取、写入等操作。sys 模块使用户可以访问解释器所使用、维护的变量，以及与解释器紧密交互的函数。它始终可用：

```
#!/usr/bin/env python
import serial
import sys
```

将开发板插入计算机后，开发板在 OS 系统中显示为虚拟串口，在 Ubuntu 系统中显示的设备名称通常为/dev/ttyACMx，其中 x 为数字。如果只接入一个设备，则 x 为 0。与开发板实现交互，我们只需要对设备文件进行操作。

下面代码的功能是打开/dev/ttyACM0 串口，串口的波特率为 115 200。如果失败，将显示 Unable to open serial port：

```
try:
    ser = serial.Serial('/dev/ttyACM0',115200)
except:
    print "Unable to open serial port"
```

接下来的代码段将读取串口数据。当读取到的数据为换行符('n')时，则停止读数据操作，而后在终端中显示已读取的数据。键盘的快捷键 < Ctrl + C > 可以调用 sys.exit(0)退出程序：

```
while True:
    try:
        line = ser.readline()
        print line
    except:
        print "Unable to read from device"
        sys.exit(0)
```

保存文件后，使用以下命令将文件的权限更改为可执行文件：

```
$ sudo chmod +X script_name
$ ./ script_name
```

脚本输出如图 6-21 所示。

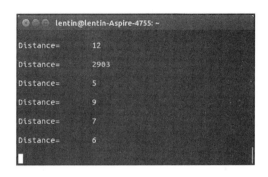

图 6-21   Energia 串行监视器中超声测距传感器的输出

6.6 使用红外接近传感器

红外传感器是另一种检测障碍物与机器人之间距离的传感器,它基于红外线的反射原理达到测距的目的。传感器接收器检测反射的红外信号,根据红外光强输出一定的电压值。

夏普 GP2D12 是最受欢迎的红外测距传感器之一,产品链接为 http://www.robotshop.com/en/sharp-gp2y0a21yk0f-ir-range-sensor.html。

图 6-22 显示了夏普 GP2D12 传感器。

图 6-22   夏普 GP2D12 传感器

传感器发出一束红外光,应用三角测量法进行测距。GP2D12 的检测范围为 10 ~ 80cm。测距传感器红外光束在 80cm 的地方,宽度为 6cm。图 6-23 展示了红外传感器的透射和反射。

传感器的左侧是一个红外发射器,它连续发送红外辐射。红外光束遇到障碍物后会被反射回来,并由传感器上的接收器接收。红外传感器的连接电路如图 6-24 所示。

模拟输出引脚 Vo 可以连接到开发板的 ADC 引脚。下面将进一步讨论夏普测距传感器与 Tiva-C 开发板的连接代码。在此代码中,我们选择开发板的第 18 号引脚并将其设置为 ADC 模式,并从夏普测距传感器读取电压电平。GP2D12 红外传感器的距离公式如下：

$$到障碍物的距离 = 6787/(输出电压 - 3) - 4$$

这里的"输出电压"是指红外传感器 Volt 引脚上输出的模拟电压值。

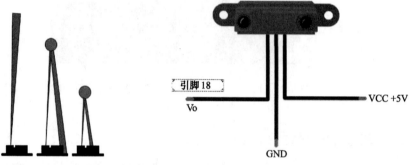

图 6-23　使用红外传感器进行障碍检测　　图 6-24　夏普红外传感器的引脚排列

在代码的第一段中，我们指定 Tiva-C 开发板的 18 号引脚为输入引脚，启动串行通信并将通信波特率设置为 115 200：

```
int IR_SENSOR = 18; // Sensor is connected to the analog A3
int intSensorResult = 0; //Sensor result
float fltSensorCalc = 0; //Calculated value

void setup()
{
Serial.begin(115200); // Setup communication with computer
    to present results serial monitor
}
```

在下面的代码部分，控制器不断读取模拟引脚并将其转换为以 cm 为单位的距离值：

```
void loop()
{

// read the value from the ir sensor
intSensorResult = analogRead(IR_SENSOR); //Get sensor value

//Calculate distance in cm according to the range equation
fltSensorCalc = (6787.0 / (intSensorResult - 3.0)) - 4.0;

Serial.print(fltSensorCalc); //Send distance to computer
Serial.println(" cm"); //Add cm to result
delay(200); //Wait
}
```

以上就是连接夏普测距传感器的基本代码。红外传感器有一些缺点：

- 无法在直接或间接的日光中使用，所以不能用于户外机器人。
- 如果面对的物体反光，则无法工作。
- 距离方程仅在一定范围内有效。

下一节将讨论惯性测量单元（IMU）及其接入 Tiva-C 开发板的方法。惯性测量单元可以提供里程数据，可用作导航算法的输入。

6.7　使用惯性测量单元

惯性测量单元（Inertial Measurement Unit，IMU）是一种运用加速度计、陀螺仪及磁力计测量速度、方向以及重力的电子设备。IMU 在机器人领域有着广泛的应用，包括应用于无人机平衡和机器人导航。

本节将讨论 IMU 在移动机器人导航中的作用，还会介绍一些市场上新的 IMU 产品及其接入开发板的方法。

6.7.1　惯性导航

IMU 提供加速度和方向等惯性坐标系中的数据。如果已知起始位置、初始速度和方向，则可以通过对加速度进行积分计算出速度，然后对速度进行积分计算出位置。如果想要知道机器人的运动方向，则需要先知道机器人的朝向，而它可以通过对陀螺仪给出的角速度进行积分得到。

图 6-25 展示了惯性导航系统，该系统会将 IMU 值转换为里程数据。

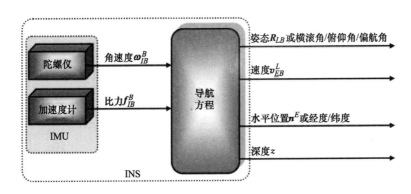

图 6-25　INS 框图

IMU 输出的数据首先根据导航方程转换为导航信息，再经过卡尔曼滤波器滤波。

卡尔曼滤波器（http://en. wikipedia. org/wiki/Kalman_filter）是一种利用系统输入输出的观测数据对系统状态进行估计的算法。由于加速度计、陀螺仪存在误差，**惯性导航系统（Inertial Navigation System，INS）**的数据可能产生漂移。为了抑制数据漂移，惯性导航系统通常会使用直接测量积分量数据○的传感器进行辅助测量。根据测量值和传感器误差模型，卡尔曼滤波器能够有效地估计导航方程的误差以及颜色传感器的误差。

图6-26所示的惯性导航系统包含辅助测量传感器，并使用卡尔曼滤波器对数据进行滤波处理。

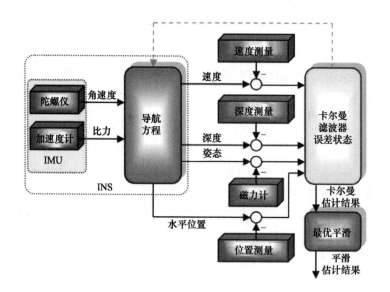

图6-26   具有辅助测量传感器的惯性导航系统

电机编码器数据和 IMU 数据均属于里程数据，它们将用于"航位推算"，即通过上一时刻的位置计算运动物体当前时刻的位置。

下一节将介绍一款最为常用的惯性测量单元，即 InvenSense 公司的 MPU 6050。

6.7.2   将 MPU 6050 与 Tiva-C 开发板连接

MPU 6000/MPU 6050 系列的 IMU 是世界上最早的六轴运动跟踪设备，它功耗

○   如速度、深度、姿态和位置等数据。——译者注

低、成本小、性能高，非常适合用在智能手机、平板电脑、可穿戴设备及机器人等设备中。

MPU 6000/MPU 6050 在硅模上集成了一个三轴陀螺仪和一个三轴加速度计，另外还集成了一个数字运动处理器，可以处理复杂的九轴运动融合算法。图 6-27 和图 6-28 展示了 MPU 6050 系统框图和 MPU 6050 分线板（http://a.co/7C3yL96）。

图 6-27　MPU 6050 系统框图

图 6-28　MPU 6050 分线板

表 6-3 列出了开发板与 MPU 6050 的连接引脚，其余引脚可以保持断开。

表 6-3　开发板与 MPU 6050 的连接引脚

开发板引脚	MPU 6050 引脚
+3.3 V	VCC/VDD
GND	GND
PD0	SCL
PD1	SDA

图 6-29 展示了 MPU 6050 与 Tiva-C 开发板的连接图。

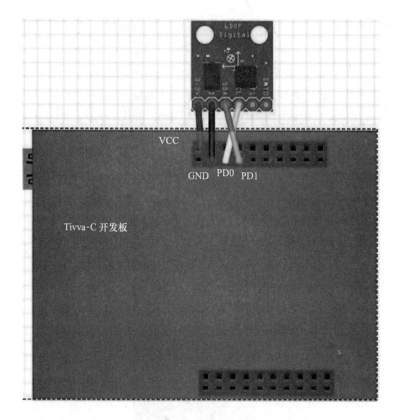

图 6-29 MPU 6050 分线板与开发板的连接

MPU 6050 和 Tiva-C 开发板之间的通信协议为 I2C,它们的供电电压均为 3.3V,因此 MPU 6050 分线板可以直接由开发板供电。

在 Energia 中配置 MPU 6050 函数库

本节讨论 Energia 的连接代码。连接代码使用 https://github.com/jrowberg/i2cdevlib/zipball/master 库连接 MPU 6050。

从上述链接下载 ZIP 文件,然后在 Energia 中打开 **Preference** 设置框(Preference from File -> Preference),如图 6-30 所示。

转到 Preference 下的 sketchbook 位置(见图6-30),然后创建名为 libraries 的文件夹。将 ZIP 文件中 Arduino 文件夹的文件提取到 sketchbook/libraries。该存储库中的 Arduino 软件包也与开发板兼容。所提取的文件包含 MPU 6050 传感器连接所需的 I2Cdev、Wire 和 MPU6050 软件包。libraries 文件夹中还存在其他传感器软件包,但我们现在用不到它们。

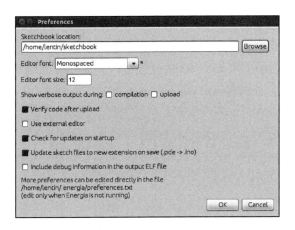

图 6-30 Preference 设置

上述过程主要针对 Ubuntu，但 Windows 与 Mac OS X 系统中的操作方法也类似。

6.7.3 在 Energia 中编写接口代码

以下代码的功能是使开发板读取 MPU 6050 的原始数据，代码使用了兼容 Energia IDE 的 MPU 6050 的第三方函数库。以下将分段对代码进行解读。

代码的开头包含连接 MPU 6050 所需要的头文件（I2C、Wire 和 MPU6050 库），并创建一个 MPU6050 对象，其名称为 accelgyro。MPU6050.h 库包含一个名为 MPU6050 的类，用以向传感器发送数据或从传感器接收数据：

```
#include "Wire.h"

#include "I2Cdev.h"
#include "MPU6050.h"

MPU6050 accelgyro;
```

代码的第二段启动与 MPU 6050 的 I2C 和串行通信，并将传感器的输出数据通过串口显示出来。串行通信的波特率为 115 200，用户自定义的 Setup_MPU6050() 函数对与 MPU 6050 的通信设置进行初始化：

```
void setup()
{
  //Init Serial port with 115200 buad rate
  Serial.begin(115200);
  Setup_MPU6050();
}
```

下面的代码是对 Setup_MPU6050() 函数的定义。Wire 库可以使开发板与 MPU 6050 使用 I2C 进行通信，Wire.begin() 函数启动 I2C 通信功能。MPU6050 类中定义的 initialize() 函数对 MPU 6050 设备进行初始化。正常工作时，串口将显示 connection successful，否则将显示 connection failed：

```
void Setup_MPU6050()
{
   Wire.begin();
     // initialize device
   Serial.println("Initializing I2C devices...");
   accelgyro.initialize();

   // verify connection
   Serial.println("Testing device connections...");
   Serial.println(accelgyro.testConnection() ? "MPU6050 connection
successful" : "MPU6050 connection failed");
}
```

以下代码是 loop() 函数，该函数将连续读取传感器数据并通过串行端口打印其值，Update_MPU6050() 自定义函数负责从 MPU 6050 打印更新后的值：

```
void loop()
{

   //Update MPU 6050
    Update_MPU6050();
}
```

以下代码是对 Update_MPU6050() 的定义。该函数首先声明了 6 个变量，分别处理加速度计、陀螺仪的三轴数据。MPU 6050 类中的 getMotion6() 函数负责从传感器中读取新的数据。读取完毕后，通过串口打印出数据结果：

```
void Update_MPU6050()
{
   int16_t ax, ay, az;
  int16_t gx, gy, gz;

    // read raw accel/gyro measurements from device
   accelgyro.getMotion6(&ax, &ay, &az, &gx, &gy, &gz);

   // display tab-separated accel/gyro x/y/z values
   Serial.print("i");Serial.print("t");
   Serial.print(ax); Serial.print("t");
   Serial.print(ay); Serial.print("t");
   Serial.print(az); Serial.print("t");
   Serial.print(gx); Serial.print("t");
   Serial.print(gy); Serial.print("t");
   Serial.println(gz);
   Serial.print("n");
}
```

串行监视器的输出如图 6-31 所示。

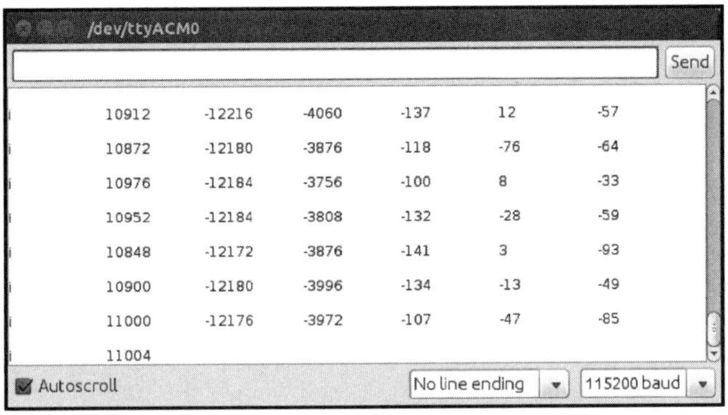

图 6-31   MPU 6050 在串行监视器中的输出

我们可以使用读取超声传感器数据时用到的 Python 代码读取这些值。图 6-32 是运行 Python 脚本时终端的屏幕截图。

图 6-32   Linux 终端中 MPU 6050 的输出

6.8   本章小结

本章讨论了机器人中使用的电机的连接，研究了电机和编码器与 Tiva-C 开发板的连接，给出了用于连接电机和编码器的控制器代码。如果机器人需要高精度和高扭矩，则可以用 Dynamixel 伺服器替代当前直流电机，我们对 Dynamixel 伺服器进行了研究。我们还研究了可以在机器人中使用的机器人传感器，所讨论的传感器包括超声测距传感器、红外接近传感器和 IMU。这三个传感器有助于机器人的导航。我们探论了将这些传感器连接到 Tiva-C 开发板的基本代码。下一章将讨论该机器人中使用的视觉传感器。

6.9 习题

1. 什么是 H 桥电路？
2. 什么是正交编码器？
3. 什么是 4X 编码方案？
4. 如何利用编码器数据计算位移？
5. Dynamixel 执行器有什么特点？
6. 什么是超声传感器，其工作原理是什么？
7. 如何计算到超声传感器的距离？
8. 什么是红外接近传感器，其工作原理是什么？

6.10 扩展阅读

有关 Energia 编程的更多信息参见 http://energia. nu/guide/。

第 7 章

视觉传感器接入 ROS

第 6 章研究了执行器以及如何使用 Tiva-C 开发板连接机器人的传感器。本章将主要介绍机器人中使用的视觉传感器。

我们设计的机器人上安装了一个 3D 视觉传感器，它的驱动代码会使用一些视觉处理库，如 OpenCV（Open Source Computer Vision）、OpenNI（Open Natural Interaction）及 PCL（Point Cloud Library）等。3D 视觉传感器在机器人中的作用是实现机器人的自主导航。

我们还将讨论视觉传感器硬件接入 ROS 的方法，以及如何在 ROS 中使用图像处理库（如 OpenCV）处理图像。本章最后还将介绍机器人使用的导航算法 SLAM（Simultaneous Localization And Mapping），以及如何使用 3D 视觉传感器、ROS 和图像处理库实现 SLAM 算法。

本章将涵盖以下主题：

- 机器人视觉传感器和图像处理库。
- OpenCV、OpenNI 和 PCL 概述。
- ROS-OpenCV 接口。
- 使用 PCL-ROS 接口进行点云处理。
- 点云数据到激光扫描数据的转换。
- SLAM 概述。

7.1 技术要求

需要安装了 ROS Kinetic 的 Ubuntu 16.04 系统，以及网络摄像头和深度摄像头，才能尝试本章中的例子。

首先,我们将着眼于市场上可用于不同机器人的 2D 和 3D 视觉传感器。

7.2　机器人视觉传感器和图像处理库

2D 视觉传感器,即普通的摄像头,只能记录周围环境的二维图像信息。3D 视觉传感器不仅可以记录二维图像信息,还能记录每一个图像点的深度信息。以传感器为坐标系原点,每个图像点均包含 x、y、z 三轴坐标信息。

市面上可选的视觉传感器有很多,本章将介绍一些适用于我们的机器人的 2D 和 3D 视觉传感器。

7.2.1　Pixy2/CMUcam5

图 7-1 展示的是一款 2D 视觉传感器 Pixy2/CMUcam5（https：//pixycam. com/pixy-cmucam5/）,它能够高速检测有颜色的物体,精度也比较高,可以接入 Arduino 开发板。Pixy 摄像头适合用来进行快速目标检测,也支持自定义检测目标。Pixy 模块包含 CMOS 型传感器,使用基于 Arm Cortex M4/M0 内核的 NXP LPC4330（http：//www. nxp. com/）处理器进行图像处理。

图 7-1　Pixy/CMUcam5

网络摄像头是一类常用的 2D 视觉传感器,使用的也是 CMOS 型传感器,并且拥有 USB 接口。不过,网络摄像头一般没有像 Pixy 一样有内置的目标检测处理器。

7.2.2　罗技 C920 网络摄像头

图 7-2 所示的是罗技公司（Logitech）推出的一款比较受欢迎的网络摄像头（http：//a. co/02DUUYd），其拍照时的分辨率高达 500 万像素，支持录制高清视频。

图 7-2　罗技 HD C920 网络摄像头

7.2.3　Kinect 360

市面上常见的 3D 视觉传感器有 Kinect（见图 7-3）、英特尔 RealSense D400 系列和 Orbbec Astra。

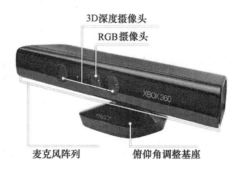

图 7-3　Kinect 传感器

Kinect 是一款与微软 Xbox 360 游戏主机配套使用的 3D 视觉传感器，它的主要构成部分为 RGB 摄像头、红外投影仪、红外深度摄像头、麦克风阵列以及俯仰角调整基座。RGB 摄像头和深度摄像头以 30Hz 的频率拍摄图像，图像分辨率为 640×480。

RGB 摄像头获取 2D 彩色图像，而深度摄像头获取单色深度图像。Kinect 的深度检测
范围为 0.8～4m。

Kinect 常用在 3D 运动捕捉、骨架跟踪、人脸识别、语音识别等领域。

Kinect 可以通过 USB 2.0 接口与 PC 相连。微软公司还推出了 Kinect SDK，允许
用户使用其对 Kinect 进行编程。不过，Kinect SDK 只能在 Windows 平台上使用。
OpenNI、OpenCV 等视觉处理函数库也常用于对 Kinect 进行编程。以上两个库都是开
源的，对所有平台都兼容。这里使用的是第一代 Kinect，最新的 Kinect 只能由 Win-
dows 系统中运行的 Kinect SDK 控制（详情可参见 https://www.microsoft.com/en-us/
download/details.aspx?id=40278）。

 Kinect 系列传感器已经停产，但是仍然可以在亚马逊和 eBay 上买到它。

7.2.4 英特尔 RealSense D400 系列

英特尔 RealSense D400 深度传感器是立体摄像头，带有红外投影仪以增强深度
数据（更多细节见 https://software.intel.com/en-us/realsense/d400），如图 7-4 所示。
D400 系列中比较流行的传感器是 D415 和 D435。图 7-4a 所示的传感器是 D415，图
7-4b 所示的传感器是 D435。每个都由一对立体摄像头、一个 RGB 摄像头和一个红
外投影仪组成。立体摄像头对借助红外投影仪计算环境的深度。

图 7-4　英特尔 RealSense D400 系列（https://realsense.intel.com/）

这款深度摄像头的主要特点是它可以在室内和室外环境下工作。它可以在 90 帧/s
的情况下提供 1280×720 分辨率的深度图像流，RGB 摄像头可以提供高达 1920×
1080 的分辨率。它有一个 USB-C 接口，可以在传感器和计算机之间快速传输数据。
它十分轻巧，对机器人视觉应用十分有利。

除了语音识别外，Kinect 和英特尔 RealSense 的应用基本相同，都支持 Windows、

Linux、Mac 系统。我们可以使用 ROS、OpenNI 和 OpenCV 函数库对其进行编程。
D400 系列摄像头的框图如图 7-5 所示。

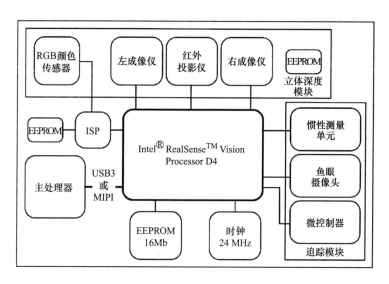

图 7-5 英特尔 RealSense D400 系列的框图

 英特尔 RealSense 系列的数据表见 https://software. intel. com/sites/default/
files/Intel_RealSense_D epth_Cam_D400_Series_Datasheet. pdf。
关于英特尔 RealSense 深度传感器的研究论文见 https://arxiv. org/abs/
1705. 05548。
英特尔 RealSense SDK 见 https://github. com/IntelRealSense/librealsense。

7.2.5 Orbbec Astra 深度传感器

新的 Orbbec Astra 传感器是市场上可用的 Kinect 替代品之一。它的规格与 Kinect
相似，使用类似的技术来获取深度信息。与 Kinect 类似，它也有红外投影仪、RGB
摄像头和红外传感器。它还带有麦克风，有助于语音识别。图 7-6 显示了 Orbbec
Astra 深度传感器的所有组成部分。

Astra 传感器有两种型号：Astra 和 Astra S，两者的主要区别是深度范围。Astra
的深度范围为 0.6～8m，而 Astra S 的深度范围为 0.4～2m。Astra S 最适合进行 3D
扫描，而 Astra 适用于机器人技术应用。Astra 的尺寸和重量都比 Kinect 小很多。两

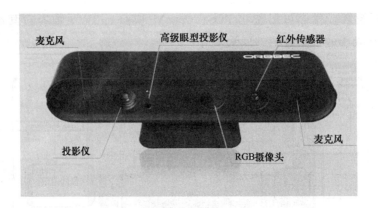

图 7-6　Orbbec Astra 深度传感器（https://orbbec3d.com/product-astra/）

种型号都可以提供深度数据并以 30 帧/s 提供分辨率为 640×480 的 RGB 图像。也可以使用更高的分辨率，比如 1280×960，但可能会降低帧率。就像 Kinect 一样，它们也有骨架跟踪的能力。

该传感器与 OpenNI 框架兼容，因此使用 OpenNI 构建的应用程序也可以使用该传感器工作。我们将在机器人中使用这个传感器。

该 SDK 兼容 Windows、Linux 和 Mac OS X。更多信息，请访问传感器的开发网站 https://orbbec3d.com/develop/。

你还可以参考的一个传感器是 ZED 摄像头（https://www.stereolabs.com/zed/）。它是一种能够提供高分辨率和良好帧率的立体视觉摄像系统。价格在 450 美元左右，比上述传感器都要高。ZED 摄像头可用于需要传感器有良好准确性的高端机器人应用。

下面将介绍 ROS 与这个传感器的连接。

7.3　OpenCV、OpenNI 和 PCL 概述

接下来，我们来讨论机器人中使用的软件框架以及软件库。首先，我们将介绍 OpenCV，它是一个可以实现目标检测等图像处理功能的计算机视觉库。

7.3.1　OpenCV

OpenCV 是一个基于 BSD 许可的开源计算机视觉库，包含大量计算机视觉算法，主要用于实时计算机视觉处理。OpenCV 库由英特尔公司的 Russia 研究团队开发，目前由 Itseez 团队（http://github.com/Itseez）进行维护。2016 年，英特尔收购

了 Itseez。

OpenCV 主要是用 C 和 C++ 语言编写而成的，提供 C++ 的基本接口。Python、Java、MATLAB/Octave 等编程语言与它都有良好的接口，调用 C#、Ruby 等语言也可以对其进行包装。

新版本的 OpenCV 支持 CUDA（http://www.nvidia.com/object/cuda_home_new.html）和 OpenCL，可以实现 GPU 加速。

OpenCV 能够在大多数操作系统平台上运行，包括 Windows、Linux、Mac OS X、Android、FreeBSD、OpenBSD、iOS、黑莓等。

在 Ubuntu 系统中，安装 `ros-kinetic-desktop-full` 或 `ros-melodic-desk-top-full` 软件包时就附带安装了 OpenCV、Python 包装器和 ROS 包装器。下面的命令安装 OpenCV 库及其 Python 接口和 ROS 接口。

在 Kinetic 中：

```
$ sudo apt-get install ros-kinetic-vision-opencv
```

在 Melodic 中：

```
$ sudo apt-get install ros-melodic-vision-opencv
```

如果想验证 OpenCV-Python 模块是否已安装在系统中，可以使用 Linux 终端，并输入 python 命令。然后可以看到 Python 解释器。尝试在 Python 终端执行以下命令来验证 OpenCV 是否安装成功：

```
>>> import cv2
>>> cv2.__version__
```

如果此命令成功，则系统上已经安装了此版本的 OpenCV。版本号可能是 3.3.x 或 3.2.x。

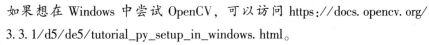

如果想在 Windows 中尝试 OpenCV，可以访问 https://docs.opencv.org/3.3.1/d5/de5/tutorial_py_setup_in_windows.html。
Mac OS X 系统中 OpenCV 的安装步骤和教程参见 https://www.learnopencv.com/install-opencv3-on-macos/。

OpenCV 主要用于以下领域：

- 目标检测。
- 手势识别。
- 人机交互。

- 移动机器人。
- 运动跟踪。
- 人脸识别。

在 Ubuntu 中通过源代码安装 OpenCV

OpenCV 可以自定义安装。如果想自定义 OpenCV 的安装，可以尝试通过源代码安装，安装说明见 https://docs.opencv.org/trunk/d7/d9f/tutorial_linux_install.html。

要使用本章中的示例，最好安装 OpenCV 和 ROS。

使用 Python-OpenCV 接口读取和显示图像

第一个示例将加载一幅灰度图像，并在屏幕上显示。

代码的第一部分导入了 numpy 模块和 cv2 模块。numpy 模块用于对图像数组进行处理。cv2 模块是 OpenCV 的 Python 包装器，用来访问 OpenCV 的 Python API。NumPy（https://pypi.python.org/pypi/numpy）是 Python 编程语言的扩展，它拥有许多高级数学函数，支持大型多维数组和矩阵运算：

```python
#!/usr/bin/env python
import numpy as np
import cv2
```

下面是读取 robot.jpg 图像的函数，它将图像加载为灰度图像。cv2.imread() 函数的第一个参数是图像名称，第二个参数是标志 flag，它规定了加载图像的颜色类型。如果 flag > 0，则将图像加载为 RGB 彩色图像；如果 flag = 0，则将图像加载为灰度图像；如果 flag < 0，则不对图像做任何修改：

```python
img = cv2.imread('robot.jpg',0)
```

imshow() 函数用来显示读取的图像。程序运行时，cv2.waitKey(0) 函数等待键盘动作，它的参数是指键盘上任意键按下后继续等待的时间（单位为毫秒）。如果参数是 0，它将一直等待按键动作：

```python
cv2.imshow('image', img)
cv2.waitKey(0)
```

cv2.destroyAllWindows() 函数将销毁所有生成的窗口：

```python
cv2.destroyAllWindows()
```

保存上述代码并将代码文件命名为 image_read.py，将一个 JPG 文件复制到代码文件所在的文件夹，文件名修改为 robot.jpg。输入如下命令运行代码：

```
$python image_read.py
```

由于将 imread()的标志参数设成了 0，因此输出的图像为原图像的灰度图，如图 7-7 所示。

图 7-7   读取图像代码的输出

下一个示例将尝试使用网络摄像头，当用户按下键盘上任意键时，程序退出运行。

利用网络摄像头获取图像

该示例的功能是打开网络摄像头捕获图像，其设备名称为/dev/video0 或/dev/video1。

我们需要导入 numpy 和 cv2 模块来从摄像头捕获图像：

```
#!/usr/bin/env python
import numpy as np
import cv2
```

下面的函数将创建一个 VideoCapture 对象。VideoCapture 类主要用来从摄像头或视频文件中获取视频，它的参数为摄像头的设备序号或视频文件的名称。设备序号是一个用来区别摄像头的数字，第一个摄像头的序号为 0，其设备名称通常为

/dev/video0，这也就是将这里的函数参数设为 0 的原因：

```
cap = cv2.VideoCapture(0)
```

下面的代码是一个循环函数，它的功能是连续不断地读取 VideoCapture 对象的图像帧，并将每一帧图像显示出来。按下键盘上任意键，则退出程序：

```
while(True):
    # Capture frame-by-frame
    ret, frame = cap.read()
    # Display the resulting frame
    cv2.imshow('frame', frame)
    k = cv2.waitKey(30)
    if k > 0:
        break
```

图 7-8 所示为程序输出的屏幕截图。

图 7-8   视频捕获的输出

更多 OpenCV-Python 教程见 http://opencv-python-tutroals.readthedocs.org/en/latest/py_tutorials/py_tutorials.html。

下一节将介绍 OpenNI 库及其相关应用。

7.3.2　OpenNI

OpenNI 是一个多语言、跨平台的框架，它定义了运用**自然交互**（Natural Interaction，NI）编写应用程序的 API（更多信息请参见 https://structure.io/openni）。自然交互通常指人们自然而然地通过手势、表情、身体活动等方式进行交流，通过观察所处的环境和操作实物等方法探索世界。

OpenNI 的 API 是由一系列编写 NI 应用程序的接口组成的。图 7-9 展示了 OpenNI 的三层结构。

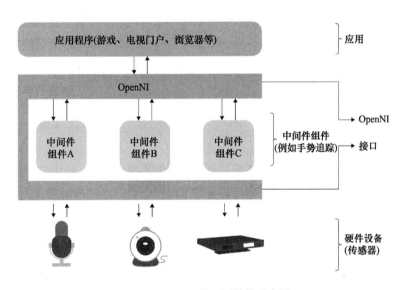

图 7-9　OpenNI 的三层结构示意图

最上面一层是应用层，它主要实现基于自然交互的应用程序。中间层是 OpenNI 层，它提供了与传感器、中间件通信的接口。中间件可以分析传感器数据，能够用在人体全肢分析、手部特征点分析、手势检测等方面。中间层的一个典型例子是 NITE（http:// www. openni. ru/files/nite/index. html），它实现了手势和骨架的检测。

底层是获取场景视频、音频信息的硬件设备，包括 3D 视觉传感器、RGB 摄像头、红外摄像头、麦克风等。

OpenNI 的最新版本是 OpenNI 2，它支持华硕 Xtion Pro 和 Primesense Carmine 等传感器。OpenNI 的第一版主要支持 Kinect 360 传感器。

跨平台的 OpenNI 在 Linux、Mac OS X、Windows 等系统中都能编译、使用。接

下来将介绍如何在 Ubuntu 中安装 OpenNI。

在 Ubuntu 中安装 OpenNI

我们可以在安装 ROS 的同时安装 OpenNI 库。虽然 ROS 已经实现了接入 OpenNI 的功能，但是 ROS 桌面完整安装可能还不会安装 OpenNI，这时就需要用软件包管理器安装 OpenNI。

通过以下命令将主要支持 Kinect Xbox 360 传感器的 ROS-OpenNI 库安装在 Kinetic 和 Melodic 中：

```
$ sudo apt-get install ros-<version>-openni-launch
```

下面的命令安装 ROS-OpenNI 2 库（主要支持华硕 Xtion Pro 和 Primesense Carmine）：

```
$ sudo apt-get install ros-<version>-openni2-launch
```

适用于 Windows、Linux、Mac OS X 的 OpenNI 源代码和它的最新版本参见 http://structure. io/openni。

下一节将介绍如何安装 PCL。

7. 3. 3　PCL

点云是空间中表示 3D 对象或环境的一组数据点。一般来说，点云是由深度传感器（比如 Kinect 和激光雷达）产生的。PCL（Point Cloud Library）是一项针对 2D/3D 图像及点云处理的大型开源项目。PCL 框架涵盖了大量算法，包括滤波、特征估计、表面重建、模型拟合、图像分割等算法。利用上述图像处理算法，我们可以处理点云，提取识别物体所需的特征点描述符，或者用点云数据生成物体表面并将其可视化。

PCL 发行使用的是 BSD 许可证，它是开源的，可以免费用于商业及研究用途。跨平台的 PCL 在 Linux、Mac OS X、Windows、Android、iOS 等系统中都能编译和使用。

PCL 可从 http://pointclouds. org/downloads/下载。

PCL 已经集成在了 ROS 中，ROS 的完整安装模式包括安装 PCL 库及其 ROS 接口。PCL 是 ROS 的 3D 处理程序的主要构成部分。ROS-PCL 软件包的详细介绍参见 http://wiki. ros. org/pcl。

7.4　使用 ROS、OpenCV 和 OpenNI 进行 Kinect 的 Python 编程

我们来看如何在 ROS 中使用 Kinect 传感器。ROS 中已有 OpenNI 驱动，OpenNI

能够抓取 Kinect 的 RGB 图像和深度图像，这个软件包同样适用于 Microsoft Kinect、Primesense Carmine、华硕 Xtion Pro 以及 Pro Live 等 3D 传感器。

安装 `openni_launch` 包时也会安装其依赖包，如 `openni_camera`。`openni_camera` 包属于 Kinect 驱动程序，可以输出未经处理的数据和传感器信息。`openni_launch` 包中含有 ROS 启动文件，可以同时启动多个节点，并输出原始深度、RGB 和红外图像以及点云等数据。

7.4.1 启动 OpenNI 驱动程序的方法

可以使用 USB 接口将 Kinect 传感器连接到计算机上，并使用终端中的 `dmesg` 命令确保在计算机上检测到它。设置好 Kinect 后，可以启动 ROS 的 OpenNI 驱动程序，从设备获取数据。

下面的命令会打开 OpenNI 设备并加载所有 nodelet 包（参见 http:// wiki. ros. org/ nodelet），将原始的深度、RGB、红外数据流转换为深度图像、像差图像或是点云。ROS 的 `nodelet` 包实现了在同一进程中运行多种算法的功能，算法之间还不会产生额外的复制传输：

```
$ roslaunch openni_launch openni.launch
```

启动驱动程序后，可以使用以下命令列出由驱动程序发布的各种主题：

```
$ rostopic list
```

ROS 的 `image_view` 工具可以显示 RGB 图像：

```
$ rosrun image_view image_view image:=/camera/rgb/image_color
```

下一节将介绍如何将这些图像导入 OpenCV 中进行图像处理。

7.4.2 OpenCV 的 ROS 接口

ROS 集成了许多库，其中包括用于图像处理的 OpenCV 库。ROS 的 `vision_opencv` 资源栈包含完整的 OpenCV 库及其对 ROS 的接口。

`vision_opencv` 提供的软件包如下：

- `cv_bridge`：含有 `CvBridge` 类，该类用于实现 ROS 图像信息和 OpenCV 图像数据之间的双向转换。
- `image_geometry`：是用于处理图像和像素几何问题的方法集合。

图 7-10 展示了 OpenCV 接入 ROS 的方式。

OpenCV 的图像数据类型是 IplImage 和 Mat，如果想在 ROS 中使用 OpenCV，就必须将 IplImage 或 Mat 数据转换为 ROS 图像消息。ROS 的 vision_opencv 拥有 CvBridge 类，该类可以将 IplImage 数据转换为 ROS 图像，反之亦然。一旦从任何类型的视觉传感器得到 ROS 图像主题，就可以使用 ROS CvBridge 将其从 ROS 主题转换为 Mat 或 IplImage 格式。

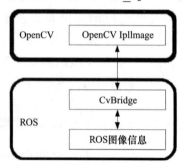

图 7-10　OpenCV-ROS 连接

接下来将介绍如何创建 ROS 包使 ROS 包中含有订阅 RGB 及深度图像的节点，能够检测 RGB 图像的边沿，还能在完成 OpenCV 数据转换后显示所有图像。

利用 OpenCV 创建 ROS 包

利用依赖项 sensor_msgs、cv_bridge、rospy 和 std_msgs 可以创建一个包，并将其命名为 sample_opencv_pkg。依赖项 sensor_msgs 定义了常用传感器（摄像头、激光扫描测距仪等）的 ROS 消息。cv_bridge 则是 OpenCV 的 ROS 接口。

下面是创建 ROS 包的命令，它使用了上述四个依赖项：

```
$ catkin-create-pkg sample_opencv_pkg sensor_msgs cv_bridge
rospy std_msgs
```

包创建好之后，在包中创建一个 scripts 文件夹，用以保存后面提到的代码。

使用 Python、ROS 和 cv_bridge 显示 Kinect 图像

Python 代码的第一部分如下所示，它首先导入了 rospy、sys、cv2、sensor_msgs、cv_bridge 以及 numpy 模块。sensor_msgs 依赖项导入了 Image 和 CameraInfo 两种 ROS 数据类型。cv_bridge 模块导入 CvBridge 类，用以将 ROS 图像数据转换为 OpenCV 数据，或将 OpenCV 数据转换为 ROS 图像数据：

```
import rospy
import sys
import cv2
from sensor_msgs.msg import Image, CameraInfo
from cv_bridge import CvBridge, CvBridgeError
from std_msgs.msg import String
import numpy as np
```

Python 代码的下一部分是 cvBridgeDemo 类的定义，主要用来演示 CvBridge 的功能：

```python
class cvBridgeDemo():
    def __init__(self):
        self.node_name = "cv_bridge_demo"
        #Initialize the ros node
        rospy.init_node(self.node_name)

        # What we do during shutdown
        rospy.on_shutdown(self.cleanup)

        # Create the cv_bridge object
        self.bridge = CvBridge()

        # Subscribe to the camera image and depth topics and set
        # the appropriate callbacks
        self.image_sub =
rospy.Subscriber("/camera/rgb/image_raw", Image,
self.image_callback)          self.depth_sub =
rospy.Subscriber("/camera/depth/image_raw", Image,
self.depth_callback)

#Callback executed when the timer timeout
        rospy.Timer(rospy.Duration(0.03), self.show_img_cb)

        rospy.loginfo("Waiting for image topics...")
```

可视化实际 RGB 图像、处理的 RGB 图像和深度图像的回调函数如下：

```python
def show_img_cb(self,event):
    try:

            cv2.namedWindow("RGB_Image", cv2.WINDOW_NORMAL)
            cv2.moveWindow("RGB_Image", 25, 75)
            cv2.namedWindow("Processed_Image", cv2.WINDOW_NORMAL)
            cv2.moveWindow("Processed_Image", 500, 75)

            # And one for the depth image
            cv2.moveWindow("Depth_Image", 950, 75)
            cv2.namedWindow("Depth_Image", cv2.WINDOW_NORMAL)

            cv2.imshow("RGB_Image",self.frame)
            cv2.imshow("Processed_Image",self.display_image)
            cv2.imshow("Depth_Image",self.depth_display_image)
            cv2.waitKey(3)
    except:
        pass
```

接下来的这段代码给出了从 Kinect 中获取彩色图像的回调函数。当/camera/rgb/image_raw 主题获得了彩色图像后，调用这个函数。该函数将对当前帧的彩色图像进行边沿检测，最终显示检测到的边沿和原始彩色图像：

```python
def image_callback(self, ros_image):
    # Use cv_bridge() to convert the ROS image to OpenCV format
    try:
        self.frame = self.bridge.imgmsg_to_cv2(ros_image, "bgr8")
    except CvBridgeError, e:
        print e
    pass

    # Convert the image to a Numpy array since most cv2 functions
    # require Numpy arrays.
    frame = np.array(self.frame, dtype=np.uint8)
    # Process the frame using the process_image() function
    self.display_image = self.process_image(frame)
```

下面的代码是从 Kinect 中获取深度图像的回调函数。/camera/depth/raw_image 主题中得到一帧深度图像后，调用该函数显示原始的深度图像：

```python
def depth_callback(self, ros_image):
 # Use cv_bridge() to convert the ROS image to OpenCV format
 try:
     # The depth image is a single-channel float32 image
     depth_image = self.bridge.imgmsg_to_cv2(ros_image, "32FC1")
 except CvBridgeError, e:
     print e
pass
 # Convert the depth image to a Numpy array since most cv2 functions
 # require Numpy arrays.

 depth_array = np.array(depth_image, dtype=np.float32)
 # Normalize the depth image to fall between 0 (black) and 1 (white)
 cv2.normalize(depth_array, depth_array, 0, 1, cv2.NORM_MINMAX)
 # Process the depth image
 self.depth_display_image = self.process_depth_image(depth_array)
```

process_image()函数将彩色图像转换为灰度图像，之后对图像进行模糊处理，并使用 canny 边沿滤波器寻找边沿的位置：

```python
def process_image(self, frame):
    # Convert to grayscale
    grey = cv2.cvtColor(frame, cv.CV_BGR2GRAY)

    # Blur the image
    grey = cv2.blur(grey, (7, 7))
```

```
    # Compute edges using the Canny edge filter
    edges = cv2.Canny(grey, 15.0, 30.0)

    return edges
```

process_depth_image()函数返回深度图像帧:

```
def process_depth_image(self, frame):
    # Just return the raw image for this demo
    return frame
```

以下函数的功能是在节点关闭时关闭所有图像窗口:

```
def cleanup(self):
    print "Shutting down vision node."
    cv2.destroyAllWindows()
```

main()函数会对 cvBridgeDemo()类进行初始化,另外还会调用 rospy.spin()函数:

```
def main(args):
    try:
        cvBridgeDemo()
        rospy.spin()
    except KeyboardInterrupt:
        print "Shutting down vision node."
        cv.DestroyAllWindows()

if __name__ == '__main__':
    main(sys.argv)
```

将上述所有代码保存在 cv_bridge_demo.py 文件,并用下面给出的命令修改节点的权限。如果将节点设置为可执行的权限,那么它将仅对 rosrun 命令可见:

$ chmod +X cv_bridge_demo.py

下面的两条命令用于启动驱动程序和节点。启动 Kinect 驱动程序的命令如下:

$ roslaunch openni_launch openni.launch

运行节点的命令如下:

$ rosrun sample_opencv_pkg cv_bridge_demo.py

图 7-11 是输出的截图。

图 7-11 RGB、深度和边沿图像

7.5 连接 Orbbec Astra 与 ROS

Kinect 的替代品之一是 Orbbec Astra。Astra 有可用的 ROS 驱动程序，我们来看如何设置该驱动程序并从该传感器获取图像、深度和点云。

安装 Astra-ROS 驱动程序

在 Ubuntu 中安装 Astra-ROS 驱动程序的完整说明见 https://github.com/orbbec/ros_astra_camera 和 http://wiki.ros.org/Sensors/OrbbecAstra。安装驱动程序后，可以使用以下命令启动它：

```
$ roslaunch astra_launch astra.launch
```

还可以从 ROS 软件包存储库安装 Astra 驱动程序。下面是安装这些软件包的命令：

```
$ sudo apt-get install ros-kinetic-astra-camera
$ sudo apt-get install ros-kinetic-astra-launch
```

如 http://wiki.ros.org/astra_camera 所述，安装这些包之后，必须设置设备的权限才能使用设备。可以使用终端中的 rostopic list 命令检查从该驱动程序生成的 ROS 主题。此外，还可以使用与前一节中提到的相同的 Python 代码进行图像处理。

7.6 使用 Kinect、ROS、OpenNI 和 PCL 处理点云

3D 点云是一种将 3D 环境和 3D 对象表示为 x、y 和 z 轴上集合点的方法。可以从各种来源获得点云，可以通过编写程序创建点云，也可以通过深度传感器或激光扫描仪生成点云。

　　PCL 原本就支持 OpenNI 的 3D 接口，因此，它可以从硬件设备（如 Prime Sensor 的 3D 摄像头、微软的 Kinect、华硕的 XTion PRO 等）中获取图像数据，并对图像数据进行处理。

　　PCL 包含在 ROS 的完整桌面安装中。我们来看如何在 Rviz（ROS 中的数据可视化工具）中生成并可视化点云。

设备开启和点云生成

　　打开一个新的终端窗口，输入以下命令启动 ROS 的 OpenNI 驱动程序，同时打开点云生成节点：

```
$ roslaunch openni_launch openni.launch
```

　　该命令将激活 Kinect 的驱动程序，并将原始图像数据处理为方便进行输出的点云数据。

　　如果使用的是 Orbbec Astra，可以使用以下命令：

```
$ roslaunch astra_launch astra.launch
```

　　我们将使用 Rviz 三维可视化工具显示点云的结果。

　　打开 Rviz 工具需要使用如下命令：

```
$ rosrun rviz rviz
```

　　把 Rviz 中的 Fixed Frame 选项（在 Displays 面板的最上方，紧临 Global Options 选项）设置为 camera_link。

　　在 Rviz 面板的左侧点击 Add 按钮，选择 PointCloud2 显示项，并将 Topic 设置为/camera/depth/points（这是 Kinect 的主题，其他传感器有所不同）。将 PointCloud2 中的 Color Transformer 选项改为 AxisColor。

　　图 7-12 显示了 Rviz 点云数据。可以看到，最近的物体用红色标出，最远的物体用紫色和蓝色标出。Kinect 前的目标物体是一个圆柱体和一个正方体：

7.7　将点云数据转换为激光扫描数据

　　在这个机器人上，我们使用 Astra 来代替昂贵的激光扫描仪。深度图像经过处理后，由 ROS 的 depthimage_to_laserscan 包转换为与激光扫描数据等效的数据（更多信息请参阅 http://wiki. ros. org/depthimage_to_laserscan）。

　　既可以从源代码安装这个包，也可以使用 Ubuntu 包管理器安装。下面是从

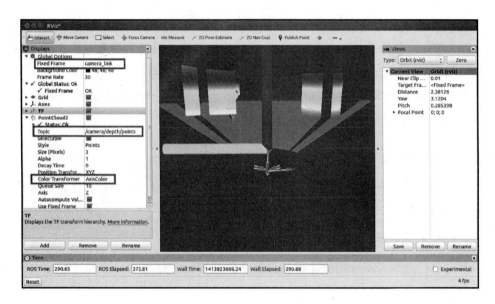

图 7-12　在 Rviz 中可视化点云数据

Ubuntu 包管理器安装该包的命令：

$ sudo apt-get install ros-<version>-depthimage-to-laserscan

　　depthimage_to_laserscan 将深度图像分割成一个个截面，而后将其转换为与激光扫描数据等效的数据类型。发布激光扫描数据所使用的数据类型是 sensor_msgs/LaserScan。depthimage_to_laserscan 包将执行该转换，生成伪激光扫描数据。转换好的激光扫描数据可在 Rviz 中显示。为了完成数据转换，我们需要启动相应功能的转换节点，因此需要在启动文件中添加启动转换的相关命令。以下是启动文件中启动 depthimage_to_laserscan 转换所需的代码：

```
<!-- Fake laser -->
<node pkg="nodelet" type="nodelet"
name="laserscan_nodelet_manager" args="manager"/>  <node pkg="nodelet"
type="nodelet"
name="depthimage_to_laserscan"          args="load
depthimage_to_laserscan/DepthImageToLaserScanNodelet
laserscan_nodelet_manager">
    <param name="scan_height" value="10"/>
    <param name="output_frame_id" value="/camera_depth_frame"/>
    <param name="range_min" value="0.45"/>
    <remap from="image" to="/camera/depth/image_raw"/>
    <remap from="scan" to="/scan"/>
</node>
```

深度图像的主题可以在每个传感器中改变，必须要根据深度图像主题更改主题名称。

启动节点的同时，我们还需要设置节点的相关参数以达到更好的转换效果。每个参数的详细介绍参见 http://wiki. ros. org/depthimage_to_laserscan。

前一视图的环境扫描得到的激光扫描模拟数据如图 7-13 所示。观察激光扫描数据，需要添加 LaserScan 选项，添加步骤与添加 PointCloud2 选项类似，LaserScan 选项中的 Topic 值需要改为/scan。

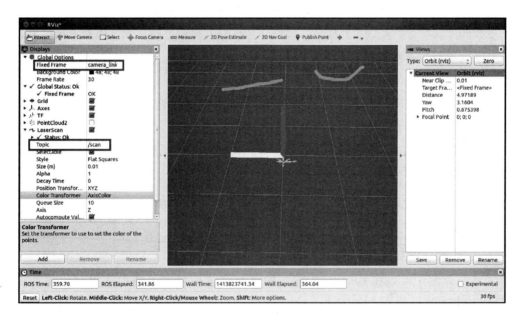

图 7-13　在 Rviz 中实现激光扫描数据可视化

7. 8　使用 ROS 和 Kinect 实现 SLAM 算法

在机器人上配置视觉传感器的最终目的是检测目标及实现自主导航。SLAM 算法是移动机器人中常用的构建未知环境地图的技术，它还可以通过跟踪机器人的当前位置更新已知的环境地图。

构建出来的地图将用于机器人的路径规划和导航，机器人通过地图可以获知环境的信息。移动机器人导航的两大难点便是地图构建和定位。

地图构建会生成机器人周围的障碍物轮廓，因此机器人可以判断周围环境的情况。定位是根据所创建的地图估计机器人位置的过程。

SLAM 算法从不同的传感器中获取数据，利用这些数据构建环境地图。2D 视觉传感器（如网络摄像头）和 3D 视觉传感器（如 Kinect）都可作为 SLAM 算法的输入。

ROS 中集成了一个名为（OpenSlam）的 SLAM 算法库（http://openslam.org/gmapping.html），形成名为 gmapping 的包。gmapping 包提供了基于激光扫描数据的 SLAM 算法，它可以用名为 slam_gmapping 的节点实现。该节点可以根据移动机器人的激光扫描数据及位置信息创建环境的二维地图。

gmapping 包的下载链接为 http://wiki.ros.org/gmapping.

使用 slam_gmapping 节点时，需要移动机器人提供里程数据，还要求在机器人上水平安装一个激光测距仪。

slam_gmapping 节点通过订阅 sensor_msgs/LaserScan 消息和 nav_msgs/Odometry 消息来构建地图（nav_msgs/OccupancyGrid）。生成的地图可以通过 ROS 主题或服务来检索。

使用以下启动文件在 ChefBot 中使用 SLAM。这个启动文件将启动 slam_gmapping 节点，并包含开始创建机器人环境地图所需的参数：

```
$ roslaunch chefbot_gazebo gmapping_demo.launch
```

7.9 本章小结

本章介绍了可以在 ChefBot 中使用的各种视觉传感器。我们在机器人中使用了 Kinect 和 Astra，还介绍了 OpenCV、OpenNI、PCL 以及它们的应用。另外，我们讨论了视觉传感器在机器人导航功能中的作用，以及 SLAM 算法和它在 ROS 中的应用。下一章将介绍完整的机器人连接，并探讨如何使用 ChefBot 执行自主导航。

7.10 习题

1. 什么是 3D 视觉传感器？它与普通摄像头的区别是什么？
2. 机器人操作系统的主要功能有哪些？
3. OpenCV、OpenNI 以及 PCL 分别有哪些应用？
4. 什么是 SLAM 算法？
5. 什么是 RGB-D SLAM 算法？它的工作原理是什么？

7.11　扩展阅读

可以在以下链接了解更多关于 ROS 机器人视觉包的信息：

- http://wiki. ros. org/vision_opencv。
- http://wiki. ros. org/pcl。

第 8 章

ChefBot 硬件构建和软件集成

第 3 章研究了 ChefBot 底盘设计。本章将介绍如何使用这些零部件组装该机器人，还将研究这个机器人的传感器和其他电子组件与 Tiva-C 开发板的最终连接。在实现连接之后，将介绍如何将机器人与 PC 联机调试，并在真实的机器人中使用 SLAM 和 AMCL 实现自主导航。

本章将涵盖以下主题：

- 搭建 ChefBot 硬件。
- 配置 ChefBot PC 和软件包。
- 连接 ChefBot 传感器与 Tiva-C 开发板。
- 编写 ChefBot 的嵌入式代码。
- 了解 ChefBot ROS 软件包。
- 在 ChefBot 上实现 SLAM。
- ChefBot 自主导航。

8.1 技术要求

为测试本章中的应用和代码，需要准备一台安装了 Ubuntu 16.04 LTS 的台式机或笔记本，同时要装好 ROS Kinetic。

还需要装配机器人所需的底盘部件来组装机器人，并准备好所有可以集成在机器人中的传感器和其他硬件组件。

我们已经讨论过将单个机器人组件和传感器与开发板的连接。在本章中，我们将尝试连接 ChefBot 的必要机器人组件和传感器，并编写代码获取所有传感器的值，在 PC 端来控制这些信息。开发板通过串行端口将所有传感器值发送到 PC，并从 PC 接收控制信息（如复位命令、速度数据等）。

在从 Tiva-C 开发板接收串行端口的数据后，ROS Python 节点将接收串行值并将它们转换为 ROS 主题。在 PC 中还有其他 ROS 节点，可以订阅这些传感器主题并计算机器人的里程数据。车轮编码器数据和 IMU 值结合起来可以计算机器人的里程。机器人通过订阅超声传感器主题和激光扫描数据来检测障碍物，并使用 PID 节点控制车轮电机的速度。此 PID 节点将线速度命令转换为差速轮速度命令。运行这些节点后，我们可以运行 SLAM 来映射区域，运行 SLAM 后，还可以运行 AMCL 节点进行定位和自主导航。

8.1 节将介绍如何使用机器人本体部件和电子组件组装 ChefBot 硬件。

8.2　构建 ChefBot 硬件

机器人需要配置的第一部分就是底座。底座由两个电机及其附加轮、脚轮和底座支撑杆组成。图 8-1 为底座俯视图和仰视图。

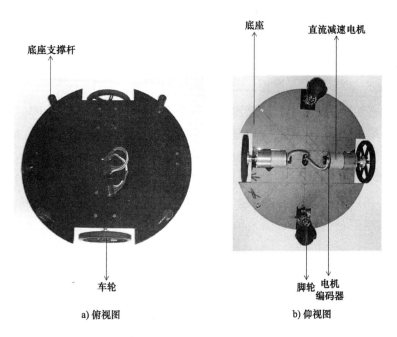

a) 俯视图　　　　　　　　　　　b) 仰视图

图 8-1　带有电机、车轮和脚轮的底座

底座的半径为 15cm，通过把底座相对的两侧切去一部分，将电机及其连接的车轮安装在相对侧。两个橡胶脚轮安装在底座的相对两侧，以实现良好的平衡和对机器人的支撑。我们可以为此机器人选择滚珠脚轮或橡胶脚轮。两个电机的连接线通过底座中心的孔被引到底座的顶部。为了扩展机器人的各层，我们将放置底座连接杆以连接各层。现在，我们来看带有圆盘和连接管的中间层。由空心管连接底座和中间层圆盘。空心管可以连接到底座连接杆。

图 8-2 显示了中间层圆盘和连接管。

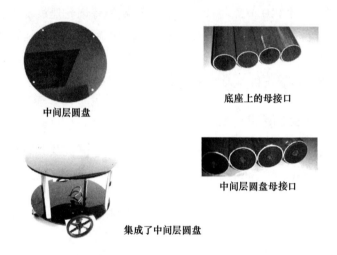

中间层圆盘

底座上的母接口

中间层圆盘母接口

集成了中间层圆盘

图 8-2   中间层圆盘和连接管

连接管将连接底座和中间层圆盘。有四个空心管将底座连接到中间层圆盘。这些管子的一端中空，可以安装在底座连接杆上，而另一端则是带有螺孔的硬塑料配件。中间层圆盘没有连接杆，只有四个用于连接管的孔。

中间层圆盘公接口有助于连接中间层和底座连接管的顶部（见图 8-3）。我们可以使用顶层圆盘背面的四个连接杆将顶层圆盘安装在中间层圆管连接管的顶部。将顶层圆盘的母接口插入顶层圆盘连接杆，机器人的本体就已完整组装好了。

机器人的底层可用于放置印刷电路板（Printed Circuit Board，PCB）和电池，中间层可以放置 Kinect/Orbecc 和英特尔 NUC。如果需要，还可以放置扬声器和麦克风。我们可以用顶层承载食物。图 8-4 显示了机器人的 PCB 原型，它由 Tiva-C 开发板、电机驱动器、电平转换器以及连接两个电机、超声传感器和 IMU 的设备组成。

该板由放置在底座上的 12V 电池供电。两个电机可以直接连接到 M1 和 M2 公接口。NUC PC 和 Kinect 放在中间层。Tiva-C 开发板和 Kinect 应通过 USB 连接到 NUC PC。PC 和 Kinect 本身同样由底座上的 12 V 电池供电。电池可以使用铅酸或锂聚合物电池。在这里，我们使用铅酸电池进行测试。之后，可以使用锂聚合物电池以获得更好的性能和更好的备用。图 8-5 显示了完整的 ChefBot 组装图。

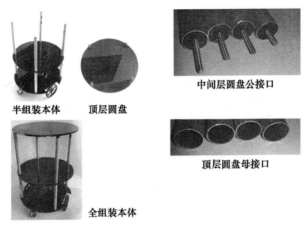

半组装本体　　顶层圆盘　　中间层圆盘公接口

全组装本体　　顶层圆盘母接口

图 8-3　完全组装好的机器人本体

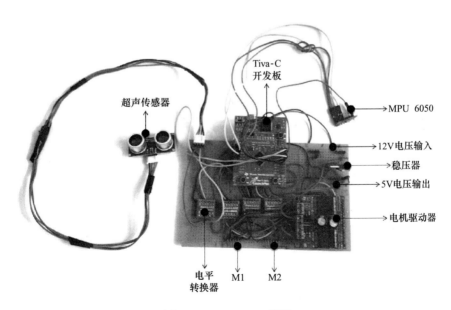

图 8-4　ChefBot PCB 原型

组装好机器人的所有零部件之后，我们将开始使用机器人软件。ChefBot 的嵌入式代码和 ROS 软件包可在 chapter_8 的代码中找到。我们来获取该代码并开始使用该软件。

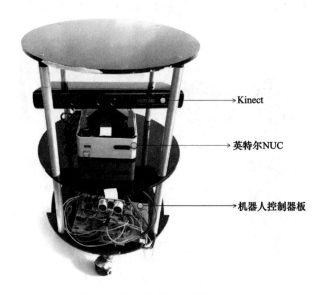

图 8-5　完全组装好的机器人本体

8.3　配置 ChefBot PC 并设置 ChefBot ROS 软件包

在 ChefBot 中，我们使用英特尔的 NUC PC 来处理机器人传感器和其他数据。购买 NUC PC 后，必须安装 Ubuntu 16.04 LTS。安装 Ubuntu 后，请安装前几章中提到的完整 ROS 及其软件包。我们可以单独配置 PC，完成所有设置的配置后，可以将其放入机器人中。以下是在 NUC PC 上安装 ChefBot 软件包的过程。

使用以下命令从 GitHub 复制 ChefBot 的软件包：

$ git clone https://github.com/qboticslabs/learning_robotics_2nd_ed

我们可以在便携式计算机中复制此代码，然后将 ChefBot 文件夹复制到英特尔 NUC PC。ChefBot 文件夹由 ChefBot 硬件的 ROS 软件包组成。在 NUC PC 中，创建 ROS catkin 工作区，复制 ChefBot 文件夹，然后将其移动到 catkin 工作区的 src 目录中。

只需使用以下命令即可构建并安装 ChefBot 的源代码。这应该在我们创建的 catkin 工作区执行：

```
$ catkin_make
```

如果所有依赖项都已正确安装在 NUC 中，则 ChefBot 软件包将在此系统中生成并安装。在 NUC PC 上设置 ChefBot 软件包后，我们可以切换到 ChefBot 的嵌入式代码。现在，我们可以连接 Tiva-C 开发板中的所有传感器。将代码上传到开发板中后，我们可以再次查看 ROS 软件包以及如何运行它们。从 GitHub 复制的代码包含 Tiva-C 开发板代码，将在 8.4 节中对其进行说明。

8.4 连接 ChefBot 传感器和 Tiva-C

我们已经研究了如何连接将在 ChefBot 中使用的各个传感器。本节将介绍如何将传感器集成到开发板。GitHub 上的复制文件中提供了用于编程 Tiva-C 开发板的 Energia 代码。Tiva-C 开发板与传感器的连接图如图 8-6 所示。通过此图，我们可以了解传感器如何与开发板互连。

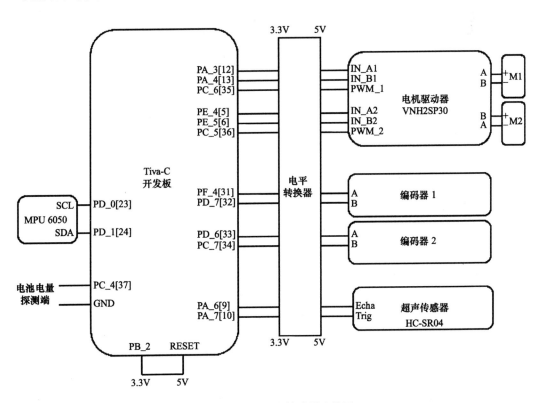

图 8-6 ChefBot 的传感器连接图

M1 和 M2 是此机器人中使用的两个差分驱动电机，使用的电机是带有 Pololu 编码器的直流减速电机。电机端子连接到 Pololu 的双 VNH2SP30 电机驱动器。其中一台电机极性相反，因为在差速转向中，两台电机的旋转方向相反。如果向两台电机发送相同的控制信号，则两台电机将以相反的方向旋转。为避免这种情况，我们将交换一台电机的电缆。电机驱动器通过 3.3V 到 5V 双向电平转换器连接到 Tiva-C 开发板，此处使用的一种电平转换器可从 https://www.sparkfun.com/products/12009 获得。

每个编码器的两个通道通过电平转换器连接到开发板。目前，我们正在使用超声测距传感器进行障碍物检测。将来，如果需要，可以增加传感器的数量。为了获得良好的里程估算，将 IMU 传感器 MPU 6050 通过 I2C 接口放置，其引脚直接连接到开发板，因为 MPU 6050 兼容 3.3V。为了从 ROS 节点重置开发板，我们分配了一个引脚作为输出并将其连接到开发板的重置引脚。将特定字符发送到开发板时，它将输出引脚设置为高电平并重置设备。在某些情况下，计算误差可能会累积并影响机器人的导航。我们通过重置开发板来清除此误差。为了监视电池电量，我们分配了另一个引脚来读取电池电量值。Energia 代码中当前未实现此功能。

从 GitHub 下载的代码包含嵌入式代码和编译此代码所需的依赖库。下面将展示代码的主要部分，并且由于我们已经研究了所有部分，因此这里不做过多解释。

ChefBot 的嵌入式代码

下面将讨论开发板代码的主要部分。以下是代码中使用的头文件：

```
//Library to communicate with I2C devices
#include "Wire.h"
//I2C communication library for MPU6050
#include "I2Cdev.h"
//MPU6050 interfacing library
#include "MPU6050_6Axis_MotionApps20.h"
//Processing incoming serial data
#include <Messenger.h>
//Contain definition of maximum limits of various data type
#include <limits.h>
```

该代码中使用的主要库用于与 MPU 6050 进行通信并处理传入开发板的串行数据。MPU 6050 可以使用内置的数字运动处理器（Digital Motion Processor，DMP）以四元数或欧拉值提供方向信息。访问 DMP 的函数编写在 MPU6050_6Axis_Motion-Apps20.h 中。该库具有 I2Cdev.h 和 Wire.h 等依赖项，这就是要包含此头文件的原因。这两个库用于 I2C 通信。Messenger.h 库允许你处理来自任何来源的文本数据流，并帮助你从中提取数据。limits.h 头文件包含各种数据类型的最大限制的定义。

引入头文件后，需要创建一个对象来处理 MPU6050，并使用 Messenger 类处理传入的串行数据：

```
//Creating MPU6050 Object
MPU6050 accelgyro(0x68);
//Messenger object
Messenger Messenger_Handler = Messenger();
```

声明了 Messenger 对象后，主要部分将处理电机驱动器、编码器、超声传感器、MPU 6050、复位和电池引脚的分配。分配引脚后，可以查看代码的 setup() 函数。以下代码给出了 setup() 函数的定义：

```
//Setup serial, encoders, ultrasonic, MPU6050 and Reset functions
void setup()
{
  //Init Serial port with 115200 baud rate
  Serial.begin(115200);
  //Setup Encoders
  SetupEncoders();
  //Setup Motors
  SetupMotors();
  //Setup Ultrasonic
  SetupUltrasonic();
  //Setup MPU 6050
  Setup_MPU6050();
  //Setup Reset pins
  SetupReset();
  //Set up Messenger object handler
  Messenger_Handler.attach(OnMssageCompleted);
}
```

上述函数包含一个自定义例程，用于为所有传感器配置和分配引脚。此函数将以 115 200 波特率初始化串行通信，并设置编码器、电机驱动器、超声传感器和 MPU 6050 的引脚。如 8-6 所示的连接图，SetupReset() 函数将分配一个引脚以重置设备。前面几章，我们已经给出了每个传感器的设置例程，因此这里不再赘述。Messenger 类处理程序附加到名为 OnMssageCompleted() 的函数，当将数据输入 Messenger_Handler 时将调用该函数。

以下是代码的 loop() 函数。该函数的主要目的是读取和处理串行数据，以及发送可用的传感器值：

```
void loop()
{
    //Read from Serial port
    Read_From_Serial();
    //Send time information through serial port
    Update_Time();
    //Send encoders values through serial port
    Update_Encoders();

    //Send ultrasonic values through serial port
    Update_Ultra_Sonic();
    //Update motor speed values with corresponding speed received from PC
and send speed values through serial port
    Update_Motors();

    //Send MPU 6050 values through serial port
    Update_MPU6050();
    //Send battery values through serial port
    Update_Battery();
}
```

Read_From_Serial()函数将从 PC 读取串行数据，并将数据馈送到 Messenger_Handler 处理程序以进行处理。Update_Time()函数将在嵌入式板中的每个操作之后更新时间。我们可以将此时间值在 PC 中进行处理，也可以改用 PC 的时间。

我们可以在 Energia 的 IDE 中编译代码，并在开发板中刻录代码。上传代码后，我们可以查看用于处理开发板传感器值的 ROS 节点。

8.5　编写 ChefBot 的 ROS Python 驱动程序

将嵌入式代码上传到开发板后，下一步就是处理开发板上的串行数据，并将其转换为 ROS 主题以进行进一步处理。launchpad_node.py ROS Python 驱动程序节点将 Tiva-C 开发板与 ROS 连接。launchpad_node.py 文件位于 ChefBot_bringup 软件包内的 script 文件夹中。以下是 launchpad_node.py 的重要代码部分的说明：

```
#ROS Python client
import rospy
import sys
import time
import math

#This python module helps to receive values from serial port which execute
in a thread
from SerialDataGateway import SerialDataGateway
```

```
#Importing required ROS data types for the code
from std_msgs.msg import Int16,Int32, Int64, Float32,
 String, Header, UInt64
#Importing ROS data type for IMU
from sensor_msgs.msg import Imu
```

launchpad_node.py 文件将导入上述模块。可以看到，主要模块是 Serial-DataGateway。这是一个自定义模块，用于通过线程从开发板母板接收串行数据。我们还需要一些 ROS 数据类型来处理传感器数据。以下代码段给出了节点的主要功能：

```
if __name__ =='__main__':
  rospy.init_node('launchpad_ros',anonymous=True)
  launchpad = Launchpad_Class()
  try:

    launchpad.Start()
    rospy.spin()
  except rospy.ROSInterruptException:
    rospy.logwarn("Error in main function")

  launchpad.Reset_Launchpad()
  launchpad.Stop()
```

该节点的主类称为 Launchpad_Class()。此类包含启动、停止串行数据并将其转换为 ROS 主题的所有方法。在主函数中，我们将创建一个 Launchpad_Class()对象。创建对象后，调用 Start()方法启动 Tiva-C 开发板与 PC 之间的串行通信。如果按下＜Ctrl＋C＞键中断驱动程序节点，将重置开发板并停止 PC 与开发板之间的串行通信。

以下代码段来自 Launchpad_Class()的构造函数。在以下代码段中，我们将从 ROS 参数中检索开发板的端口和波特率，并使用这些参数初始化 SerialDate-Gateway 对象。当有串行数据到达串行端口时，SerialDataGateway 对象将在此类内调用_HandleReceivedLine()函数。此函数将处理串行数据的每一行数据，并将其提取、转换并插入每种 ROS 主题数据类型的相应头文件中：

```
#Get serial port and baud rate of Tiva C Launchpad
port = rospy.get_param("~port", "/dev/ttyACM0")
baudRate = int(rospy.get_param("~baudRate", 115200))

##################################################################
rospy.loginfo("Starting with serial port:
```

```
" + port + ", baud rate:" + str(baudRate))#Initializing SerialDataGateway
object with serial port, baud
  rate and callback function to handle incoming serial
dataself._SerialDataGateway = SerialDataGateway(port,
 baudRate, self._HandleReceivedLine)
rospy.loginfo("Started serial communication")


############################################################Subscrib
ers and Publishers

#Publisher for left and right wheel encoder values
self._Left_Encoder = rospy.Publisher('lwheel',Int64,queue_size
 = 10)self._Right_Encoder = rospy.Publisher('rwheel',Int64,queue_size
 = 10)
#Publisher for Battery level(for upgrade purpose)
self._Battery_Level =
 rospy.Publisher('battery_level',Float32,queue_size = 10)
#Publisher for Ultrasonic distance sensor
self._Ultrasonic_Value =
 rospy.Publisher('ultrasonic_distance',Float32,queue_size = 10)

#Publisher for IMU rotation quaternion values
self._qx_ = rospy.Publisher('qx',Float32,queue_size = 10)
self._qy_ = rospy.Publisher('qy',Float32,queue_size = 10)
self._qz_ = rospy.Publisher('qz',Float32,queue_size = 10)
self._qw_ = rospy.Publisher('qw',Float32,queue_size = 10)

#Publisher for entire serial data
self._SerialPublisher = rospy.Publisher('serial',
 String,queue_size=10)
```

我们将为传感器（例如编码器、IMU 和超声传感器）以及整个串行数据创建 ROS 发布器对象，以进行调试。我们还将把速度命令订阅到机器人的左轮和右轮。当速度命令到达主题时，它将调用相应的回调以将速度命令发送到机器人的开发板：

```
self._left_motor_speed =
rospy.Subscriber('left_wheel_speed',Float32,self._Update_Left_Speed)
self._right_motor_speed =
rospy.Subscriber('right_wheel_speed',Float32,self._Update_Right_Speed)
```

设置完 ChefBot 驱动程序节点后，我们需要将机器人与 ROS 导航堆栈连接以便执行自主导航。进行自主导航的基本要求是，机器人驱动程序节点从 ROS 导航堆栈接收速度命令。可以使用遥控操作控制机器人。除了这些功能外，机器人还必须能够计算其位置或里程数据，并生成要发送到导航堆栈的 tf 数据。必须要有 PID 控制器来控制机器人的电机速度。以下 ROS 软件包可帮助我们执行这些功能。`differ-ential_drive` 软件包包含执行上述操作的节点。我们将在软件包中重用这些节点以实现相应功能。你可以在网址 http://wiki. ros. org/differential_drive 处找到 `differ-ential_drive` 软件包。

图 8-7 显示了这些节点如何相互通信。

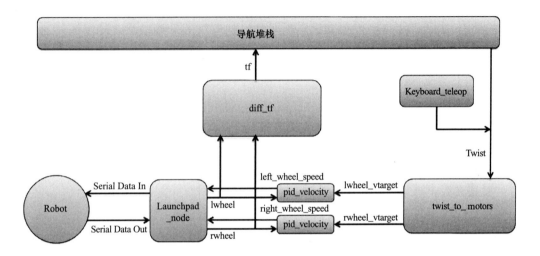

图 8-7　显示 ROS 节点的机器人框图

`ChefBot_bringup` 包中每个节点的用途如下：

`twist_to_motors.py`：此节点会将 ROS `Twist` 命令或线速度和角速度转换为单个电机速度目标。在 `Twist` 消息停止后，目标速度以 ~`rate`（以 Hz 为单位）和 `timeout_ticks` 时间的速度发布。以下是此节点将发布和订阅的主题和参数：

发布主题：

`lwheel_vtarget`（`std_msgs/Float32`）：左轮的目标速度（以 m/s 为单位）。

`rwheel_vtarget`（`std_msgs/Float32`）：右轮的目标速度（以 m/s 为单位）。

订阅主题：

`Twist`（`geometry_msgs / Twist`）：机器人的目标 `Twist` 命令。此机器人使用 x 方向上的线速度和 Twist 消息的角速度 θ。

重要的 ROS 参数：

~`base_width`（`float`，默认值为 0.1）：机器人两轮之间的距离，以 m 为单位。

~`rate`（`int`，默认值为 50）：发布速度目标的速率（Hz）。

~timeout_ticks（int，默认值为 2）：停止 Twist 消息后发布的速度目标消息的编号。

pid_velocity.py：简单 PID 控制器，通过车轮编码器的反馈信号控制各电机速度。在差分驱动系统中，每个车轮都需要一个 PID 控制器。它将读取各车轮编码器的数据，进而控制车轮速度。

发布主题：

motor_cmd（Float32）：PID 控制器输出到电机的最终输出。使用 out_min 和 out_max ROS 参数可以更改 PID 输出的范围。

wheel_vel（Float32）：机器人车轮的当前速度，单位为 m/s。

订阅主题：

wheel（Int16）：此主题是旋转编码器的输出。机器人的每个编码器都有各自的主题。

wheel_vtarget（Float32）：目标速度，单位为 m/s。

重要参数：

~Kp（float，默认值为 10）：该参数是 PID 控制器的比例增益。

~Ki（float，默认值为 10）：该参数是 PID 控制器的积分增益。

~Kd（float，默认值为 0.001）：该参数是 PID 控制器的微分增益。

~out_min（float，默认值为 255）：电机速度值的最小限制。此参数将速度值限制在称为 wheel_vel 主题的电机。

~out_max（float，默认值为 255）：wheel_vel 主题的最大限制（以 Hz 为单位）。

~rate（float，默认值为 20）：发布 wheel_vel 主题的速率。

ticks_meter（float，默认值为 20）：车轮编码器每米的刻度数。这是一个全局参数，因为它也在其他节点中使用。

vel_threshold（float，默认值为 0.001）：如果机器人速度降至该参数以下，就将车轮视为静止。如果车轮的速度小于 vel_threshold，则将其视为零。

encoder_min（int，默认值为 32768）：编码器读数的最小值。

encoder_max（int，默认为 32768）：编码器读数的最大值。

wheel_low_wrap（int，默认值为 0.3 * (encoder_max-encoder_min) + encoder_min）：这些值决定里程计是处于负方向还是正方向。

wheel_high_wrap（int，默认值为 0.7 * (encoder_max-encoder_min) +

encoder_min)：这些值决定了里程计是处于负方向还是正方向。

diff_tf.py：此节点计算里程的转换并在里程计坐标系和机器人基坐标系之间广播。

发布主题：

odom（nav_msgs/odometry）：发布里程消息（机器人的当前位姿和转角）。

tf：提供里程计坐标系和机器人基坐标系之间的转换。

订阅主题：

lwheel（std_msgs/Int16）、rwheel（std_msgs/Int16）：机器人左右编码器的输出值。

ChefBot_keyboard_teleop.py：此节点使用键盘上的控件发送 Twist 命令。

发布主题：

cmd_vel_mux/input/teleop（geometry_msgs/Twist）：使用键盘命令发布 Twist 消息。

既然我们已经查看了 ChefBot_bringup 软件包中的节点，接下来我们将查看启动文件的功能。

8.6 了解 ChefBot ROS 启动文件

现在，我们将查看 ChefBot_bringup 软件包的每个启动文件的功能：

- robot_standalone.launch：此启动文件的主要功能是启动节点（例如 launchpad_node、pid_velocity、diff_tf 和 twist_to_motor），以从机器人获取传感器值并将命令速度发送给机器人。

- keyboard_teleop.launch：此启动文件将使用键盘启动遥控操作。它启动 ChefBot_keyboard_teleop.py 节点以执行键盘遥控操作。

- 3dsensor.launch：此文件将启动 Kinect OpenNI 驱动程序并开始发布 RGB 和深度流。它还将启动深度激光扫描仪节点，该节点会将点云数据转换为激光扫描数据。

- gmapping_demo.launch：此启动文件将启动 SLAM gmapping 节点以映射机器人周围的区域。

- amcl_demo.launch：使用 AMCL，机器人可以定位并预测其在地图上的位置。在地图上定位机器人后，我们可以命令机器人移动到地图上的某个位置。然后，机器人可以自主地从当前位置移动到目标位置。

- view_robot.launch：此启动文件将在 Rviz 中显示机器人 URDF 模型。
- view_navigation.launch：此启动文件显示机器人导航所需的所有传感器。

8.7 使用 ChefBot Python 节点和启动文件

我们已经在英特尔 NUC PC 中设置了 ChefBot ROS 软件包，并将嵌入式代码上传到了 Tiva-C 开发板母板。下一步是将 NUC PC 放在机器人上，配置从便携式计算机到机器人的远程连接，测试每个节点并使用 ChefBot 的启动文件执行自主导航。

与使用 ChefBot 之前，我们应该拥有的主要设备是一个好的无线路由器。机器人和远程便携式计算机必须通过同一网络连接。如果机器人 PC 和远程便携式计算机位于同一网络，则用户可以使用 IP 地址通过 SSH 从远程便携式计算机连接到机器人 PC。在将机器人 PC 放入机器人之前，应该将机器人 PC 连接到无线网络，这样一旦将其连接到无线网络，它将记住连接的详细信息。机器人通电后，PC 应自动连接到无线网络。一旦机器人 PC 连接到无线网络，我们就可以将其放入实际的机器人中。图 8-8 显示了机器人和远程 PC 的连接图。

图 8-8　机器人与远程 PC 的无线连接图

图 8-8 假定 ChefBot 的 IP 为 192.168.1.106，远程 PC 的 IP 为 192.168.1.101。

我们可以使用 SSH 远程访问 ChefBot 终端。可以使用以下命令登录 ChefBot，其中 robot 是 ChefBot PC 的用户名：

```
$ ssh robot@192.168.1.106
```

当登录 ChefBot PC 时，它将要求输入机器人 PC 密码。输入机器人 PC 的密码后，就可以访问机器人 PC 终端。登录机器人 PC 后，我们可以开始测试 ChefBot 的 ROS 节点，并测试是否能从 ChefBot 内部的开发板上接收到串行值。请注意，如果更换了新终端，则应通过 SSH 重新登录 ChefBot PC。

如果 ChefBot_bringup 软件包已正确安装在 PC 上，并且已连接开发板，则在运行 ROS 驱动程序节点之前，可以先运行 miniterm.py 工具来检查串行值是否通过 USB 正确到达 PC。使用 dmesg 命令可以找到串行设备名称。使用以下命令可以运行 miniterm.py：

$ miniterm.py /dev/ttyACM0 115200

如果显示权限被拒绝消息，请在 udev 文件夹中编写规则来设置 USB 设备的权限，这在第 6 章进行了说明，或者可以使用以下命令临时更改权限。在这里，我们假设 ttyACM0 是开发板的设备名称。如果你的 PC 中的设备名称不同，则必须使用该名称而不是 ttyACM0：

$ sudo chmod 777 /dev/ttyACM0

如果一切正常，将获得如图 8-9 所示的值。

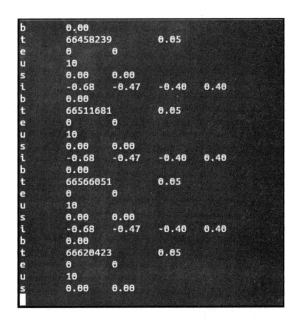

图 8-9   miniterm.py 输出结果

字母 b 用于指示机器人的电池读数，目前尚未实现，该值设置为零。这些值来自 Tiva-C 开发板。有多种使用微控制器板感测电压的方法，下面提供了方法之一（http://www.instructables.com/id/Arduino-Battery-Voltage-Indicator/）。字母 t 表示机器人开始运行嵌入式代码后经过的总时间（以 μs 为单位）。它的第二个值表示在开发板中完成一项完整操作所花费的时间（以 s 为单位）。如果我们正在执行机器人参数的实时计算，则可以使用此值。目前，我们尚未使用此值，但将来可能会使用它。字母 e 分别表示左右编码器的值。图中这两个值都为零，因为机器人没有移动。字母 u 表示超声测距传感器的值，获得的距离值以 cm 为单位。字母 s 表示机器人的当前轮速，该值用于检查。实际上，速度是 PC 本身的控制输出。

要将串行数据转换为 ROS 主题，必须运行名为 launchpad_node.py 的驱动程序节点。以下代码显示了如何执行此节点。

首先，必须在启动任何节点之前运行 roscore：

```
$ roscore
```

使用以下命令运行 launchpad_node.py：

```
$ rosrun ChefBot_bringup launchpad_node.py
```

如果一切正常，将在运行的终端的节点中获得图 8-10 所示的输出。

```
robot@robot-desktop:~$ rosrun chefbot_bringup launchpad_node.py
Initializing Launchpad Class
[INFO] [WallTime: 1424097603.219564] Starting with serial port: /dev/ttyACM0, bau
d rate: 115200
[INFO] [WallTime: 1424097603.220825] Started serial communication
```

图 8-10　launchpad_node.py 的输出结果

运行 launchpad_node.py 后，将生成以下主题，如图 8-11 所示。

```
robot@robot-desktop:~$ rostopic list
/battery_level
/imu/data
/left_wheel_speed
/lwheel
/qw
/qx
/qy
/qz
/right_wheel_speed
/rosout
/rosout_agg
/rwheel
/serial
/ultrasonic distance
```

图 8-11　launchpad_node.py 生成的主题

我们可以通过订阅/serial 主题来查看驱动程序节点接收的串行数据。我们可以将其用于调试目的。如果串行主题显示的数据与我们在 miniterm.py 中看到的数据相同，那么就可以确认节点运行正常。图 8-12 是 /serial 主题的输出。

设置完 ChefBot_bringup 软件包后，就可以开始使用 ChefBot 自主导航了。当前，我们仅访问 ChefBot PC 的终端。为了可视化机器人的模型、传感器数据以及地图等，必须在用户 PC 中使用 Rviz。我们必须在机器人和用户 PC 中设置一些配置才能执行此操作。应该注意的是，用户 PC 应具有与 ChefBot PC 相同的软件设置。

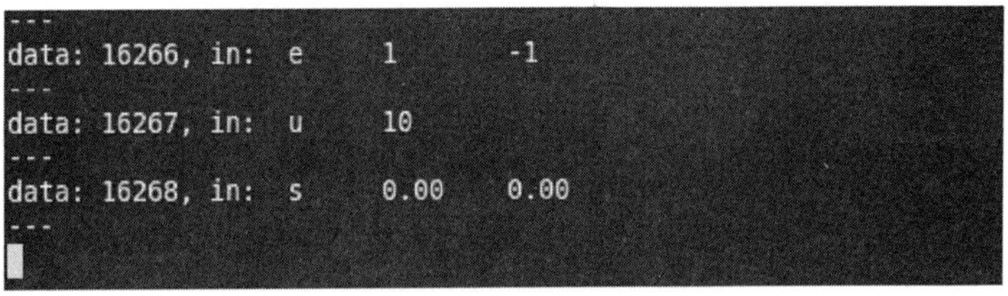

```
---
data: 16266, in: e    1      -1
---
data: 16267, in: u    10
---
data: 16268, in: s    0.00   0.00
---
```

图 8-12　开发板节点发布的/serial 主题的输出

我们要做的第一件事是将 ChefBot PC 设置为 ROS 主设备。我们可以通过设置 ROS_MASTER_URI 值将 ChefBot PC 设置为 ROS 主设备。ROS_MASTER_URI 设置是必需设置，它通知节点有关 ROS 主设备的统一资源标识符（Uniform Resource Identifier，URI）。当为 ChefBot PC 和远程 PC 设置相同的 ROS_MASTER_URI 时，我们可以在远程 PC 中访问 ChefBot PC 的主题。因此，如果在本地运行 Rviz，则它将可视化 ChefBot PC 中生成的主题。

假设 ChefBot PC 的 IP 为 192.168.1.106，远程 PC 的 IP 为 192.168.1.10。你可以为 ChefBot PC 和远程 PC 设置一个静态 IP，以便在所有测试中该 IP 始终是相同的，否则，如果它是自动 IP，则在每个测试中获得的 IP 可能会不同。要在每个系统中设置 ROS_MASTER_URI，应在 home 文件夹的 .bashrc 文件中包含以下命令。图 8-13 显示了在每个系统中包括 .bashrc 文件所需的设置。

在每台 PC 的 .bashrc 底部添加这些代码行，然后根据网络更改 IP 地址。

建立这些设置后，我们可以在 ChefBot PC 终端上启动 roscore 并在远程 PC 上执行 rostopic list 命令。

如果看到任何主题，则设置完成。我们首先可以使用键盘遥控操作运行机器人，以检查机器人的功能并确认是否能获得传感器值。

我们可以使用以下命令启动机器人驱动程序和其他节点（请注意，这应该在使用 SSH 登录后在 ChefBot 终端中执行）：

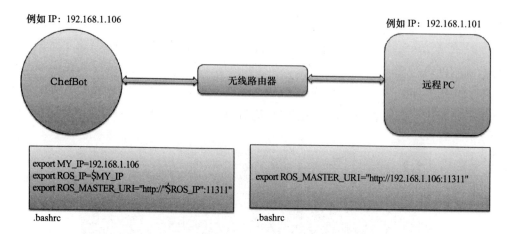

图 8-13   ChefBot 的网络配置

```
$ roslaunch ChefBot_bringup robot_standalone.launch
```

启动机器人驱动程序和节点后，使用以下命令启动键盘遥控操作（这也必须在 ChefBot PC 的新终端上完成）：

```
$ roslaunch ChefBot_bringup keyboard_teleop.launch
```

要激活 Kinect，请执行以下命令（此命令也在 ChefBot 终端上执行）：

```
$roslaunch ChefBot_bringup 3dsensor_kinect.launch
```

如果使用的是 Orbecc Astra，请使用以下启动文件启动传感器：

```
$ roslaunch ChefBot_bringup 3d_sensor_astra.launch
```

要查看传感器数据，可以执行以下命令。这将在 Rviz 中显示机器人模型，应在远程 PC 上执行。如果在远程 PC 上设置 ChefBot_bringup 软件包，则可以访问以下命令，并通过 ChefBot PC 可视化机器人模型和传感器数据：

```
$ roslaunch ChefBot_bringup view_robot.launch
```

图 8-14 是 Rviz 的输出。从图 8-14 中可以看到 LaserScan 和 PointCloud 映射的数据。

图 8-14 显示了 Rviz 中的 LaserScan。我们需要在 Rviz 的左侧部分勾选 LaserScan 主题以显示激光扫描数据。激光扫描数据标记在视口中。如果要查看 Kinect/Astra 的点云数据，请单击 Rviz 左侧的 Add 按钮，然后从弹出窗口中选择 PointCloud2。从列表中选择 Topic 下的 /camera/depth_registered，你将看到与图 8-15 所示图

像类似的图像。

使用传感器后，我们可以执行 SLAM 绘制房间的地图。下面介绍的过程可帮助我们在此机器人上启动 SLAM。

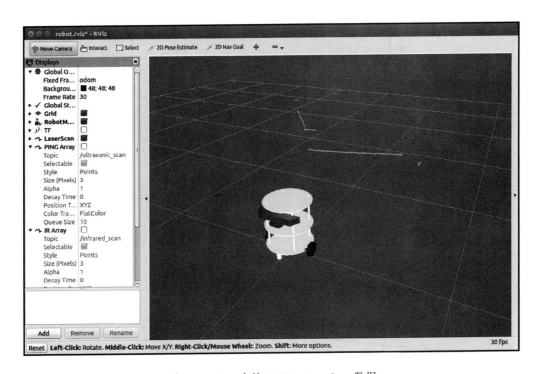

图 8-14　Rviz 中的 ChefBot LaserScan 数据

8.7.1　使用 SLAM 在 ROS 上绘制房间地图

要绘制地图，必须执行以下命令。

以下命令在 ChefBot 终端中启动机器人驱动程序：

$ roslaunch ChefBot_bringup robot_standalone.launch

以下命令将启动地图绘制过程。请注意，它应该在 ChefBot 终端上执行：

$ roslaunch ChefBot_bringup gmapping_demo.launch

仅当收到的里程计值正确时，才能进行绘制。如果从机器人接收到里程计值，则将收到有关上述命令的以下消息（见图 8-16）。如果收到此消息，则可以确认地图绘制工作正常。

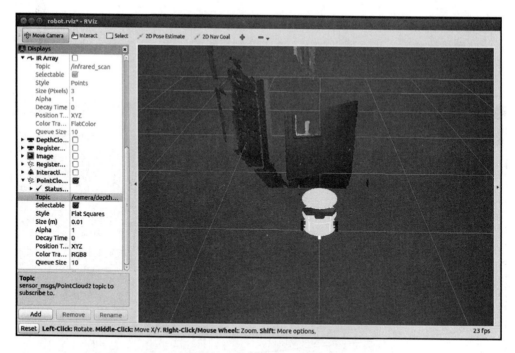

图 8-15　ChefBot 的 PointCloud 数据

```
[ INFO] [1422618733.585407153]: Created local_planner dwa_local_planner/DWAPlanner
ROS
[ INFO] [1422618733.604762090]: Sim period is set to 0.20
[ INFO] [1422618735.208493249]: odom received!
```

图 8-16　收到的有关消息

要启动键盘遥控操作，请使用以下命令：

$ roslaunch ChefBot_bringup keyboard_teleop.launch

要查看正在创建的地图，需要使用以下命令在远程系统上启动 Rviz：

$ roslaunch ChefBot_bringup view_navigation.launch

在 Rviz 中查看机器人后，可以使用键盘移动机器人并查看正在创建的地图。绘制完整个区域的地图后，可以在 ChefBot PC 终端使用以下命令保存地图：

$rosrun map_server map_saver -f ~/test_map

上述代码中，`test_map` 是存储在 home 文件夹中的地图的名称。图 8-17 显示了由机器人创建的房间地图。

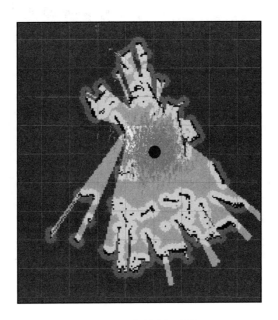

图 8-17　绘制房间地图

存储地图后，就可以使用 ROS 处理定位和自主导航问题了。

8.7.2　使用 ROS 定位和导航

构建地图后，关闭所有应用程序，然后使用以下命令重新运行机器人驱动程序：

$ roslaunch ChefBot_bringup robot_standalone.launch

使用以下命令在存储的地图上启动定位和导航：

$ roslaunch ChefBot_bringup amcl_demo.launch map_file:=~/test_map.yaml

在远程 PC 上使用以下命令查看机器人：

$ roslaunch ChefBot_bringup view_navigation.launch

在 Rviz 中，我们可能需要使用 2D Pose Estimate 按钮指定机器人的初始位姿，也可以使用此按钮在地图上更改机器人位姿。如果机器人能够访问地图，那么我们可以使用 2D Nav Goal 按钮来命令机器人移至所需位置。启动定位时，可以使用 AMCL 算法看到机器人周围的粒子云，如图 8-18 所示。

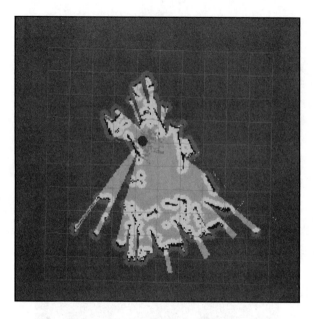

图 8-18　使用 AMCL 定位机器人

图 8-19 是机器人从当前位置自动导航到目标位置时的屏幕快照，目标位置标记为黑点。

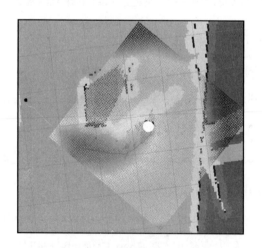

图 8-19　使用地图进行自主导航

从机器人到黑点的线是机器人到达目标位置的计划路径。如果机器人无法找到地图，则可能需要微调 ChefBot_bringupparam 文件夹中的参数文件。有关更多微调的详细信息，可以通过 ROS 上的 AMCL 软件包进行访问，网址为 http://wi-ki. ros. org/amcl。

8.8　本章小结

本章内容涉及组装 ChefBot 的硬件以及将嵌入式代码和 ROS 代码集成到机器人，以执行自主导航。我们看到，使用了第 6 章的设计制造的机器人硬件零件，组装了机器人的各个部分，并连接了为机器人设计的原型 PCB。它由开发板、电机驱动器、电平转换器、超声传感器和 IMU 组成。开发板根据新的嵌入式代码闪烁灯光，该代码可以与机器人中的所有传感器进行连接，并可以从 PC 接收数据及向 PC 发送数据。

介绍完嵌入式代码后，我们将 ROS Python 驱动程序节点配置为与开发板上的串行数据连接。与开发板连接后，使用 ROS 存储库中的 differential_drive 软件包中的节点计算了里程计数据和差分驱动器控制。我们将机器人与 ROS 导航堆栈连接，这使我们能够使用 SLAM 和 AMCL 进行自主导航。我们还查看了 SLAM 和 AMCL，创建了地图，并命令机器人进行了自主导航。

8.9　习题

1. 机器人 ROS 驱动程序节点的用途是什么？
2. PID 控制器在导航中的作用是什么？
3. 如何将编码器数据转换为里程计数据？
4. SLAM 在机器人导航中的作用是什么？
5. AMCL 在机器人导航中的作用是什么？

8.10　扩展阅读

有关 ROS 中的机器人视觉软件包的更多信息请访问以下链接：

- http://wiki. ros. org/gmapping。
- http://wiki. ros. org/amcl。

## CHAPTER 9

第 **9** 章

使用 Qt 和 Python 开发机器人 GUI

第 8 章介绍了机器人硬件组装以及自主导航软件包。下一步就是建立控制机器人的图形用户界面（Graphical User Interface，GUI）。我们将在 ROS 命令的基础上建立触发器，并通过这种形式构建 GUI。这样用户就可以用 GUI 按钮的方式来代替在终端输入命令。我们将要构建的 GUI 针对的是典型的有 9 张桌子的酒店房间环境。用户在酒店房间地图中选择一张桌子的位置后，就可以命令机器人去相应的桌子运送食物。食物运送完成后，用户还可以命令机器人回到初始位置。

本章将涵盖以下主题：

- 在 Ubuntu 16.04 LTS 中安装 Qt。
- 介绍 PyQt 和 PySide。
- 介绍 Qt 设计器。
- Qt 信号与槽机制。
- 将 Qt UI 文件转化为 Python 文件。
- ChefBot GUI 应用程序的开发。
- 介绍 rqt 及其特征。

9.1　技术要求

你需要在 Ubuntu 16.04 LTS 系统下的台式机或者便携式计算机上安装 ROS Kinect。

你需要确定已安装 At、PyQt 以及 rqt。

目前最流行的两个 GUI 框架是 Qt（http://qt. digia. com）和 GTK +（http://

www. gtk. org/)。Qt 和 GTK+ 都是开源跨平台用户界面工具和开发软件。如同在 GNOME 和 KDE 上一样，这两个软件在 Linux 桌面环境中也得到了广泛的应用。

本章将使用 Qt 框架的 Python 绑定来设计 GUI，因为 Qt 的 Python 绑定比其他方法更简单。我们将介绍如何从头开发 GUI 并使用 Python 编程。介绍完 Python 和 Qt 编程基础之后，我们还将讨论 Qt 和 Python 的 ROS 接口，目前 ROS 已经支持这样的接口了。首先，我们来介绍 Qt UI 框架并说明如何将它安装到计算机。

9.2　在 Ubuntu 16. 04 LTS 中安装 Qt

Qt 是一种跨平台应用程序开发框架，广泛应用于 GUI 和命令行工具的软件开发应用。目前主流的操作系统（如 Windows、Mac OS X、Android 等）都可以使用 Qt。虽然使用 Qt 进行应用程序开发主要使用 C++ 编程语言，但 Qt 也提供对其他编程语言（例如 Python、Ruby、Java 等）的支持。下面我们简单介绍一下如何在 Ubuntu 16. 04 上安装 Qt SDK。我们从 Ubuntu 中的高级包安装工具（Advance Packaging Tool，APT）中安装 Qt。Ubuntu 自带 APT，因此若要安装 Qt 或 Qt SDK，只需要使用下面的命令就可以从 Ubuntu 软件包存储库中安装 Qt SDK 及其依赖项了。我们可以使用下面的命令安装 Qt 版本 4：

```
$ sudo apt-get install qt-sdk
```

上面的命令将安装完整 Qt SDK 以及我们项目所需要的库。从 Ubuntu 存储库中获取的包可能不是最新的版本。为了得到最新版的 Qt，可以从网址 http://qt- pro-ject. org/downloads 中下载或在线安装适用于不同操作系统的最新版 Qt。

Qt 安装完成后，我们将介绍如何使用 Python 在 Qt 中开发 GUI。

9.3　在 Qt 中使用 Python 绑定进行开发

首先介绍 Python 和 Qt 的接口。大体来说，Python 中有两个模块可以连接 Qt 的用户界面。这两个最常用的框架是：

- PyQt
- PySide

9.3.1　PyQt

PyQt 是 Python 与 Qt 跨平台融合最常用的工具之一。PyQt 由 Riverbank Computing Limited 开发和维护。PyQt 绑定了 Qt4 和 Qt5，具有 GPL（v2 或 v3 版）和商业授权。

目前支持 Qt4 和 Qt5 的版本相应地被称为 PyQt4 和 PyQt5。这两个版本兼容 Python 2 和 Python 3。PyQt 包含 620 多个类，涵盖用户界面、XML、网络通信和 Web 等。

PyQt 在 Windows、Linux 和 Mac OS X 上都可以使用。安装 PyQt 之前需要首先安装 Qt SDK 和 Python。可以通过 http://www.riverbankcomputing.com/software/pyqt/download 查找用于 Windows 和 Mac OS X 的二进制文件。

下面来介绍如何在 Ubuntu 16.04 上使用 Python 2.7 安装 PyQt 4。

在 Ubuntu 16.04 LTS 上安装 PyQt

使用下面的命令在 Ubuntu/Linux 上安装 PyQt。该命令会安装 PyQt 的库、依赖项和一些 Qt 工具：

```
$ sudo apt-get install python-qt4 pyqt4-dev-tools
```

9.3.2　PySide

PySide 是 Qt 框架与 Python 结合起来的一个开源软件项目。PySide 项目是由 Nokia 发起的，它提供了 Qt 与多种平台结合的一整套系统。PySide 包装 Qt 库文件的技术与 PyQt 有所不同，但在 API 上两者是相似的。目前 PySide 还不支持 Qt5。PySide 适用于 Windows、Linux 和 Mac OS X。将 Pyside 安装到 Windows 或 Mac OS X 的安装指导参见 http://qt-project.org/wiki/Category：LanguageBindings：：PySide：：Downloads。

PySide 的安装环境要求与 PyQt 相同。下面介绍如何在 Ubuntu 16.04 LTS 上安装 PySide。

在 Ubuntu 16.04 LTS 上安装 PySide

从 Ubuntu 包存储库中可以获得 PySide 安装包。使用以下命令在 Ubuntu 中安装 PySide 模块和 Qt 工具：

```
$ sudo apt-get install python-pyside pyside-tools
```

我们将同时使用这两个模块，并比较它们之间的不同之处。

9.4　使用 PyQt 和 PySide 进行开发

安装完成 PyQt 和 PySide 包后，我们将介绍如何通过 PyQt 和 PySide 编写一个 Hello World GUI。PyQt 和 PySide 的步骤几乎相同，不同之处仅在于某些命令。下面我们来看如何建立一个 Qt GUI，并将其转化为 Python 代码。

9.4.1　Qt 设计器

Qt 设计器是用于设计和向 Qt GUI 插入控件的工具。本质上来说，Qt GUI 就是一个包含组件和控件信息的 XML 文件。开发 GUI 首先要做的是设计，Qt 设计器提供了多种选项以生成卓越的 GUI。

在终端中输入命令 designer-qt4 可以打开 Qt 设计器。运行命令后显示的结果如图 9-1 所示。

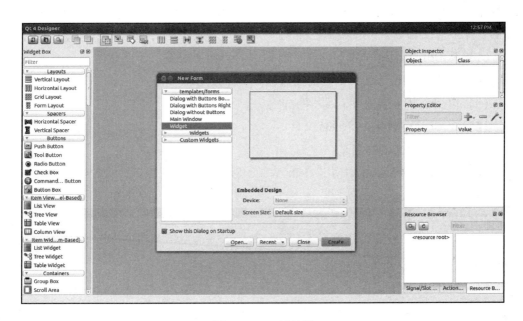

图 9-1　Qt 4 设计器

图 9-1 展示了 Qt 设计器的界面。从 New Form 窗口中选择 Widget 选项，并单击 Create 按钮，就能创建一个空的 Widget。我们可以从 Qt 4 设计器面板的左侧把各种不同的 GUI 控件拖曳到空白 Widget 中。Qt 的 Widget 是建立 Qt GUI 的基础部件。图 9-2 展示了一个带 PushButton（从 Qt 设计器的左侧窗口拖曳而来）的窗体。

我们将要建立的 Hello World 应用程序有一个 PushButton，单击 PushButton，会在终端打印出 Hello World 消息。在建立 Hello World 应用程序之前，我们要先了解一下 Qt 信号与槽机制，因为 Hello World 应用程序必须要用到上述特性。

9.4.2 Qt 信号与槽机制

在 Qt 中, GUI 事件是使用信号和槽的特性进行处理的。当事件发生时, GUI 就会产生一个信号。Qt Widgets 有许多预定义的信号, 用户也可以对 GUI 事件增加自定义的信号。槽是针对该信号而调用的反馈函数。在本例中, 我们将使用 PushButton 的 `clicked()` 信号, 并为此信号创建一个自定义槽。

我们可以在自定义函数中编写自己的代码。下面就介绍一下如何创建按钮, 将信号连接到槽, 然后再将 GUI 整体转化为 Python 文件。建立 Hello World GUI 应用程序的步骤:

(1) 从 Qt 设计器中拖曳并创建一个 PushButton 按钮到一个空窗体。

(2) 为产生 `clicked()` 信号的按钮单击事件分配一个槽。

(3) 以 `.ui` 扩展名保存 UI 设计文件。

(4) 将 UI 文件转化为 Python 文件。

(5) 编写自定义槽的定义。

(6) 在定义的槽/函数中输出 Hello World 消息。

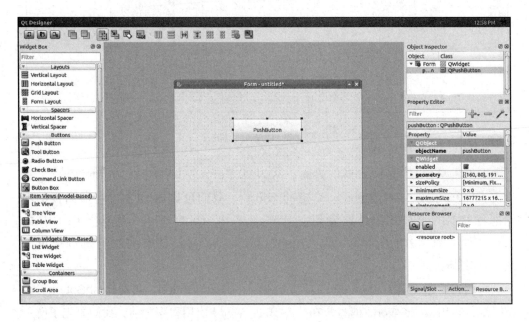

图 9-2　Qt 设计器 Widget 窗体

我们已经从 Qt 设计器向空窗体添加了一个按钮。按 < F4 > 快捷键在按钮上插入一个槽。按下 < F4 > 时，按钮变红，可以从按钮处拖出一根线并将"接地"标志放置在主窗体中，如图 9-3 所示。

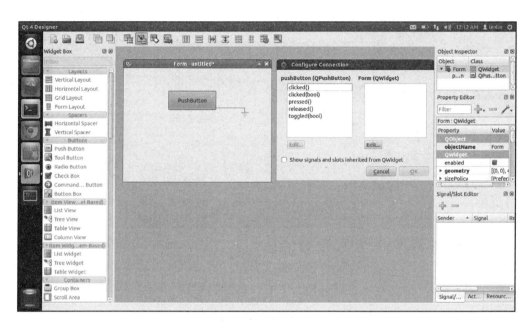

图 9-3　在 Qt 4 设计器内分配槽和信号

从左侧选择 clicked( ) 信号并单击 Edit... 按钮，创建一个新的自定义槽。单击 Edit... 按钮时，将会弹出另一个窗口以创建自定义函数。你可以单击符号 + 来建立自定义函数。我们建立了一个叫作 message( ) 的槽，如图 9-4 所示。

单击 OK 按钮，将 UI 文件保存为 hello_world.ui，然后退出 Qt 设计器。保存了 UI 文件后，下面来介绍如何将 Qt UI 文件转化为 Python 文件。

关于 Qt 信号和槽的更多内容请参见 https://doc.qt.io/qt-5/signalsandslots.html。

9.4.3　将 UI 文件转化为 Python 代码

设计完 UI 文件后，就可以将 UI 文件转化为与之等价的 Python 代码。转化工作将借助 pyuic 编译器来实现。此工具在安装 PyQt/PySide 时已安装了。下面是将 Qt UI 文件转化为 Python 文件的命令。

针对 PyQt 和 PySide，将使用不同的命令，下面的命令将 UI 文件转化为等价的

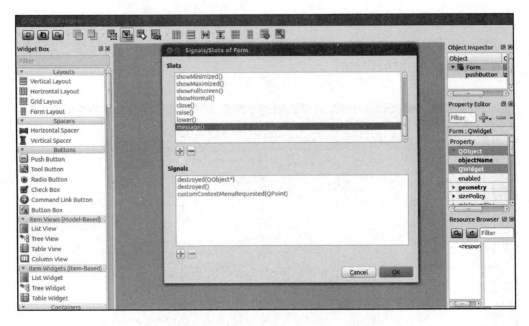

图9-4   在 Qt 4 设计器内创建自定义槽

PyQt 文件：

$ pyuic4 -x hello_world.ui -o hello_world.py

pyuic4 是将 UI 文件转化为 Python 代码的 UI 编译器。需要在 -x 参数后面输入 UI 文件名，在 -o 参数后面键入输出文件名。

PySide 的命令变化不大。PySide 使用 pyside-uic（而非 pyuic4）来将 UI 文件转化为 Python 文件，其余参数相同：

$ pyside-uic -x hello_world.ui -o hello_world.py

上面的命令将为 UI 文件产生等价的 Python 代码，从而创建一个有 GUI 组件的 Python 类。产生的代码中将不包含 message() 函数的定义，我们要在生成的代码中添加该自定义函数。下面的过程将演示如何添加自定义函数，使单击按钮时执行自定义函数 message()。

9.4.4　向 PyQt 代码中添加槽定义

下面给出的是从 PyQt 中生成的 Python 代码。除了被导入的模块名称外，使用 pyuic4 和 pyside-uic 方法生成的代码是相同的，其他所有部分也是相同的。因此使用 PyQt 生成的代码的解读也同样适用于使用 PySide 生成的代码。使用当前版本生成的代码如下，代码的结构和参数会根据设计的 UI 文件相应地发生变化：

```python
from PyQt4 import QtCore, QtGui

try:
    _fromUtf8 = QtCore.QString.fromUtf8
except AttributeError:
    _fromUtf8 = lambda s: s

class Ui_Form(object):

    def setupUi(self, Form):
        Form.setObjectName(_fromUtf8("Form"))
        Form.resize(514, 355)

        self.pushButton = QtGui.QPushButton(Form)
        self.pushButton.setGeometry(QtCore.QRect(150, 80, 191, 61))
        self.pushButton.setObjectName(_fromUtf8("pushButton"))

        self.retranslateUi(Form)
        QtCore.QObject.connect(self.pushButton,
QtCore.SIGNAL(_fromUtf8("clicked()")), Form.message)
        QtCore.QMetaObject.connectSlotsByName(Form)


    def retranslateUi(self, Form):
        Form.setWindowTitle(QtGui.QApplication.translate("Form", "Form",
None, QtGui.QApplication.UnicodeUTF8))
        self.pushButton.setText( QtGui.QApplication.translate("Form",
"Press", None, QtGui.QApplication.UnicodeUTF8))

#This following code should be added manually
if __name__ == "__main__":
    import sys
    app = QtGui.QApplication(sys.argv)
    Form = QtGui.QWidget()
    ui = Ui_Form()
    ui.setupUi(Form)
    Form.show()
    sys.exit(app.exec_())
```

上述代码是对应于 Qt UI 文件的 Python 等价代码，这个 UI 文件是我们使用 Qt 设计器完成的应用程序。下面是代码工作的步骤：

（1）代码将从 if name ＝＝"main"：开始执行。PyQt 代码的第一步是创建一个 QApplication 对象。QApplication 类管理着 GUI 应用程序的控件流和主要设置。QApplication 类包含主事件循环，Windows 系统和其他资源的所有事件都在该循环中被处理和调度。它也处理应用程序的初始化和终止化。QApplication 类包含在 QtGui 模块中。这段代码创建了一个名为 app 的 QApplication 对象。我们必须手动添加主代码。

（2）Form＝QtGui.QWidget() 从包含在 QtGui 模块中的 QWidget 类中创建了一个名为 Form 的对象。QWidget 类是 Qt 中所有用户接口对象的基类，它可以接收由主 Windows 系统产生的鼠标和键盘事件。

（3）ui＝Ui_Form() 创建了代码中定义的 Ui_Form() 类的一个名为 ui 的对象。该 Ui_Form() 对象可以接受上一行代码中创建的 QWidget 类，并可以添加按钮、文本、按钮控件以及其他 UI 组件到 QWidget 对象中。Ui_Form() 类包含两个函数：setupUi() 和 retranslateUi()。我们可以将 QWidget 对象传递到 setupUi() 函数，该函数将在 QWidget 对象中完成添加按钮、为信号分配槽等任务。retranslateUi() 函数将 UI 语言转化为其他需要的语言，例如，假如需要将英语转化为西班牙语，我们可以利用这个函数得到对应的西班牙语。

（4）Form.show() 显示带有按钮和文本的最终窗体。

接下来要做的事情是创建槽函数，输出 Hello World 消息。槽的定义是在 Ui_Form() 类内完成的。下面的步骤将在 Ui_Form() 类内插入叫作 message() 的槽。

message() 函数的定义如下：

```
def message(self):
print "Hello World"
```

这段代码要以函数的形式插入 Ui_Form() 类。同样，在 Ui_Form() 类中改变 setupUi() 函数下面的行：

```
QtCore.QObject.connect(self.pushButton,
QtCore.SIGNAL(_fromUtf8("clicked()")), Form.message)
```

参数 Form.message 需要用参数 self.message 来替换。上面的代码将 Push-Button 信号 clicked() 关联到之前插入 Ui_Form 类中的 self.message() 槽。

9.4.5 Hello World GUI 应用程序的操作方法

使用参数 self.message 替换参数 Form.message 之后，就可以执行代码了，输出如图 9-5 所示。

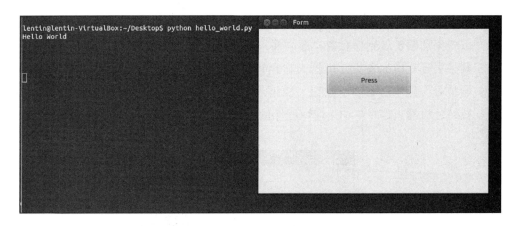

图 9-5   运行 PyQt4 程序

单击 **Press** 按钮将会输出 Hello World 消息。这就是使用 Python 和 Qt 设置自定义 GUI 的全部过程。

下一节将介绍实际的机器人 GUI 设计。

9.5   使用 ChefBot 的控制 GUI 进行开发

在 PyQt 中完成了 Hello World 应用程序开发之后，我们可以开始讨论控制 Chef-Bot 的 GUI 了。建立 GUI 的主要目的是使控制机器人变得容易一些，例如，假设在酒店中放置一个机器人用以传递食物，使用机器人的员工不必知道有关机器人启停这些复杂的命令，因此为 ChefBot 建立 GUI 将为用户带来便利。我们计划使用 PyQt、ROS 和 Python 接口建立 GUI。可用的 ChefBot 的 ROS 软件包在 GitHub 上的链接为 https://github.com/qboticslabs/learning_robotics_2nd_ed。

如果你还没有复制这些代码，现在可以使用下面的命令来复制：

$ git clone https://github.com/qboticslabs/learning_robotics_2nd_ed.git

名为 robot_gui.py 的 GUI 代码需要放置在 scripts 目录下，scripts 目录包含在 chefbot_bringup 包中。

图 9-6 显示了我们设计的 ChefBot GUI。

这个 GUI 具有如下特性：

- 可以显示机器人电池状态和机器人状态。机器人状态表示机器人工作的状态，例如，当机器人遇到错误时，将在 GUI 上显示该错误。
- 可以命令机器人运动到某个餐桌去传递食物。GUI 界面中的选值框可以输入餐桌位置。目前，我们计划在 GUI 中设置 9 个餐桌（房间中有 9 个餐桌），但可以根据需要扩展到任意餐桌数。输入餐桌号码后，单击 Go 按钮就可以命令机器人去到对应的餐桌，机器人将运动到指定的位置。如果想让机器人回到初始位置，就单击 Home 按钮。如果想要取消机器人当前的运动，单击 Cancel 按钮让机器人停下。GUI 应用程序的工作原理如下：

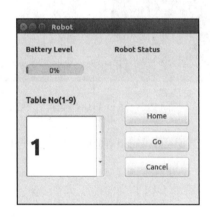

图 9-6 ChefBot GUI

如果我们需要将 ChefBot 投放到酒店，首先要做的是创建一张房间地图。全屋地图正确绘制后，将地图保存在机器人 PC 内。机器人只需要绘制一次地图，绘图完成后就能运行定位和导航程序，命令机器人运动到地图的指定位置。ChefBot 的 ROS 包包含了一张地图以及酒店环境样式的仿真模型。我们可以运行仿真和定位程序来测试 GUI。下面，我们将介绍如何使用 GUI 控制硬件，如果本地系统中安装了 ChefBot 的 ROS 包，就可以仿真酒店环境并测试 GUI 了。

使用下面的命令打开一个类似酒店环境的 ChefBot 仿真程序：

```
$roslaunch chefbot_gazebo chefbot_hotel_world.launch
```

打开 ChefBot 的仿真程序后，就可以利用已构建地图运行定位和导航程序了。地图放置在 chefbot_bringup 包中，即该包中的 map 文件夹中。现在我们就使用这张地图来测试。使用下面的命令可以载入定位和导航程序：

```
$ roslaunch chefbot_gazebo amcl_demo.launch
map_file:=/home/<user_name>/catkin_ws/src/chefbot/chefbot_bringup/map/hotel
1.yaml
```

在不同的系统中，地图文件的路径可能会有所不同，所以要将上面的路径改为你系统中的路径。

如果路径是正确的，就能启动 ROS 导航堆栈。如果想在地图中看到机器人位置或者手动设置机器人的初始位置，可以键入下面的命令使用 Rviz：

```
$ roslaunch chefbot_bringup view_navigation.launch
```

在 Rviz 中，我们可以使用 **2D Nav Goal** 按钮命令机器人运动到地图的任意位置。

我们也可以利用程序命令机器人运动到地图上任意坐标。ROS 导航堆栈是借助 ROS actionlib 库工作的。ROS actionlib 库类似于 ROS 服务，用来完成抢占性任务。优于 ROS 服务的特点在于如果我们不想继续，可以取消请求。

在 GUI 中，我们调用 Python actionlib 库命令机器人移动到地图中的某个位置。我们可以通过以下技术获得餐桌的位置。

运行仿真器和 AMCL 节点后，启动键盘遥控操作，将机器人移动到每个餐桌附近，使用下面的命令获得机器人的平移和旋转量：

```
$ rosrun tf tf_echo /map /base_link
```

单击 **Go** 按钮的时候会把位置发送给导航堆栈，机器人会规划自己的路径并到达目的地。我们甚至可以随时终止任务。所以 ChefBot GUI 作为 actionlib 客户端，向 actionlib 服务器（即导航堆栈）发送地图坐标。

现在，我们可以通过下面的命令运行机器人 GUI 来控制机器人：

```
$ rosrun chefbot_bringup robot_gui.py
```

我们可以选择餐桌的编号，单击 **Go** 按钮将机器人移动到对应的餐桌。

假定你复制了这些文件，并且获得了 robot_gui.py 文件，接下来我们将介绍用于 actionlib 客户端的主槽，我们将其加入 Ui_Form() 类中，通过它获取电池电量的数值和机器人状态。

我们需要将下面的 Python 模块导入 GUI 应用程序中：

```
import rospy
import actionlib
from move_base_msgs.msg import *
import time
from PyQt4 import QtCore, QtGui
```

这些附加模块是 ROS Python 客户端 rospy，以及用于向导航堆栈发送数值的

actionlib 模块。move_base_msgs 模块包含了向导航堆栈发送的目标消息的定义。

机器人在每个餐桌附近的位置以 Python 字典的形式进行保存。下面的代码显示了机器人在每个餐桌附近的位置硬编码：

```
table_position = dict()
table_position[0] = (-0.465, 0.37, 0.010, 0, 0, 0.998, 0.069)
table_position[1] = (0.599, 1.03, 0.010, 0, 0, 1.00, -0.020)
table_position[2] = (4.415, 0.645, 0.010, 0, 0, -0.034, 0.999)
table_position[3] = (7.409, 0.812, 0.010, 0, 0, -0.119, 0.993)
table_position[4] = (1.757, 4.377, 0.010, 0, 0, -0.040, 0.999)
table_position[5] = (1.757, 4.377, 0.010, 0, 0, -0.040, 0.999)

table_position[6] = (1.757, 4.377, 0.010, 0, 0, -0.040, 0.999)
table_position[7] = (1.757, 4.377, 0.010, 0, 0, -0.040, 0.999)
table_position[8] = (1.757, 4.377, 0.010, 0, 0, -0.040, 0.999)
table_position[9] = (1.757, 4.377, 0.010, 0, 0, -0.040, 0.999)
```

通过访问字典可以获取机器人在每个餐桌附近的位置。

目前我们仅在示例程序中加入了 4 组数值，你可以通过寻找其他餐桌位置的方式添加更多数值。

我们可以在 Ui_Form() 类中对餐桌编号、机器人位置和 actionlib 客户端的变量赋值。

```
#Handle table number from spin box
self.table_no = 0
#Stores current table robot position
self.current_table_position = 0
#Creating Actionlib client
self.client = actionlib.SimpleActionClient('move_base',MoveBaseAction)
#Creating goal message definition
self.goal = MoveBaseGoal()
#Start this function for updating battery and robot status
self.update_values()
```

下面的代码用于按钮以及选值框的信号和槽的定义：

```
#Handle spinbox signal and assign to slot set_table_number()
QtCore.QObject.connect(self.spinBox,
QtCore.SIGNAL(_fromUtf8("valueChanged(int)")), self.set_table_number)

#Handle Home button signal and assign to slot Home()
QtCore.QObject.connect(self.pushButton_3,
QtCore.SIGNAL(_fromUtf8("clicked()")), self.Home)
```

```
#Handle Go button signal and assign to slot Go()
QtCore.QObject.connect(self.pushButton,
QtCore.SIGNAL(_fromUtf8("clicked()")), self.Go)

#Handle Cancel button signal and assign to slot Cancel()
QtCore.QObject.connect(self.pushButton_2,
QtCore.SIGNAL(_fromUtf8("clicked()")), self.Cancel)
```

下面的槽代码处理来自 UI 中选值框的值，并分配餐桌编号，并且将餐桌编号对应到机器人的位置：

```
def set_table_number(self):
  self.table_no = self.spinBox.value()
  self.current_table_position = table_position[self.table_no]
```

下面是用于 **Go** 按钮的 **Go** 槽定义。该函数在目标消息头文件中插入机器人在选定餐桌处的位置，并将其发送到导航堆栈：

```
def Go(self):

  #Assigning x,y,z pose and orientation to target_pose message
  self.goal.target_pose.pose.position.x=float(self.current_table
_position[0])

  self.goal.target_pose.pose.position.y=float(self.current_table
_position[1])
  self.goal.target_pose.pose.position.z=float(self.current_table
_position[2])

  self.goal.target_pose.pose.orientation.x =
float(self.current_table_position[3])
  self.goal.target_pose.pose.orientation.y=
float(self.current_table_position[4])
  self.goal.target_pose.pose.orientation.z=
float(self.current_table_position[5])

  #Frame id
  self.goal.target_pose.header.frame_id= 'map'

  #Time stamp
  self.goal.target_pose.header.stamp = rospy.Time.now()

  #Sending goal to navigation stack
  self.client.send_goal(self.goal)
```

下面的代码定义 Cancel() 槽。这将取消机器人在那一时刻的全部路径规划：

```
def Cancel(self):
  self.client.cancel_all_goals()
```

下面的代码定义了 Home( )，它将餐桌位置设为 0，并调用 Go( ) 函数。餐桌位置为 0 的位置就是机器人的初始位置：

```
def Home(self):
  self.current_table_position = table_position[0]
  self.Go()
```

下面是关于 update_values() 和 add() 函数的定义。update_values() 方法会在一个线程内更新电池电量和机器人状态。add() 函数会检索与电池和机器人状态相关的 ROS 参数，并将它们设置到相应的进度条和文本框中。

```
def update_values(self):
    self.thread = WorkThread()
    QtCore.QObject.connect( self.thread,
QtCore.SIGNAL("update(QString)"), self.add )
    self.thread.start()
def add(self,text):
  battery_value = rospy.get_param("battery_value")
  robot_status = rospy.get_param("robot_status")
   self.progressBar.setProperty("value", battery_value)
     self.label_4.setText(_fromUtf8(robot_status))
```

前面函数中使用的 WorkThread() 类如下，WorkThread() 类继承自由 Qt 提供的用于启动线程的 QThread。线程产生经过特定延时的 update (Qstring) 信号。在前面提到的 update()_ values() 函数中，update (Qstring) 信号被连接到 self.add() 槽上，因此当 update (Qstring) 信号在线程中启动时，就会调用 add () 槽来更新电池和机器人状态：

```
class WorkThread(QtCore.QThread):
  def __init__(self):
    QtCore.QThread.__init__(self)
  def __del__(self):
   self.wait()
  def run(self):
   while True:
     time.sleep(0.3) # artificial time delay
     self.emit( QtCore.SIGNAL('update(QString)'), " " )
     return
```

我们已经讨论了如何为 ChefBot 制作 GUI，但是 GUI 仅是给操作 ChefBot 的用户使用的。如果有人想要调试和获取机器人数据，就要借助其他工具了。ROS 提供了非常好用的调试工具，可以可视化机器人数据。

rqt 工具就是流行的 ROS 工具之一，它是由用于 ROS GUI 开发的 Qt 框架编写而

来的。接下来，我们来介绍 rqt 工具的安装过程以及如何使用它来检查获得的机器人
传感器数据。

9.6　在 Ubuntu 16.04 LTS 中安装和使用 rqt

rqt 是 ROS 中的一种软件框架，它以插件的形式集成了多种 GUI 工具。我们可以
在 rqt 中以可驻留窗口的形式添加插件。

在 Ubuntu 16.04 中安装 rqt 可以使用下列命令。在安装 rqt 之前，请确保已经安
装好完全版的 ROS Indigo。

$ sudo apt-get install ros-<ros_version>-rqt

安装 rqt 包后，可进入 rqt 的 GUI 界面 rqt_gui。在此界面中，我们可以在一个
窗口中加载所有 rqt plugins。

我们开始使用 rqt_gui 吧。

在运行 rqt_gui 命令前先运行 roscore：

$ roscore

使用下面的命令启动 rqt_gui：

$ rosrun rqt_gui rqt_gui

如果命令成功运行，将会得到如图 9-7 所示的窗口。

我们可以在运行时加载或卸载插件。为了分析 ROS 消息日志，可以通过 Plugins→
Logging→Console 加载 Console 插件。在下面的例子中，我们加载了 Console 插件
并在 rospy_tutorials 中运行一个谈话节点。这个节点将发送 Hello World 信息
到 /chatter 主题。

运行下面的命令启动 talker.py 节点：

$rosrun rospy_tutorials talker.py

图 9-8 显示加载了两个插件的 rqt_gui，两个插件分别是 Console 和
Topic Monitor。Topic Monitor 插件通过 Plugins→Topics→Topic Monitor 加
载。Console 插件把控每个节点的消息输出及其严重性，这一点在调试时非常
有用。如图 9-8 所示，左半部分显示 rqt_gui 加载的 Console 插件，右半部
分显示加载的 Topic Monitor。Topic Monitor 会罗列可用的主题，并监控它们
的值。

图 9-7 运行 rqt

图 9-8 所示的截图中，**Console** 插件监控了 `talker.py` 节点的消息及其严重程度等级，**Topic Monitor** 则监控/chatter 主题中的值。

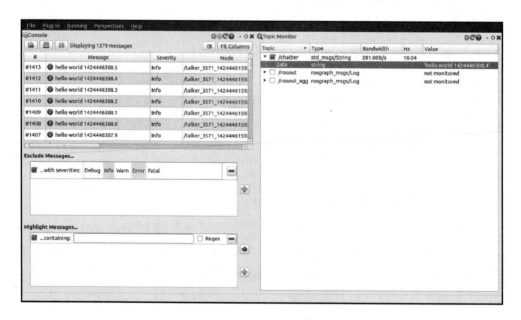

图 9-8 运行 rqt 的不同插件

我们也可以在 `rqt_gui` 中显示图片和图表。对于机器人导航和观测，`rqt_gui` 中有集成在 Rviz 中的插件。**Navigation viewer** 就是用来查看 `/map` 主题的插件。可视化插件可以通过 Plugin→Visualization 激活。

我们也可以使用 rqt 创建 GUI。我们可以从 http://wiki. ros. org/rqt/Tutorials/Create%20your%20new%20rqt%20plugin 找到创建能运行在 `rqt_gui` 的 rqt 插件的方法。

9.7　本章小结

本章介绍了怎样为 ChefBot 创建 GUI，该 GUI 可以让不了解机器人工作原理的普通用户使用。我们使用 PyQt 建立该 GUI，PyQt 是 Qt 的一种 Python 绑定。在进入主 GUI 设计前，我们讲解了 Hello World 应用程序以辅助理解 PyQt。我们使用 Qt 设计器设计 UI，并且使用 Python UI 编译器将 UI 文件转化为等价的 Python 脚本。在使用 Qt 设计器设计了 GUI 之后，我们将 UI 文件转化为 Python 脚本，并在生成的脚本中添加必要的槽。ChefBot GUI 可以启动机器人、选择餐桌编号并命令机器人到达相应的位置。我们通过在 Python 脚本中硬编码的方式生成了地图中指定的餐桌位置。选定餐桌就设定好了目标位置，单击 Go 按钮使机器人移动到目标位置。用户可以随时终止任务，并命令机器人回到初始位置。GUI 还能够实时接收机器人状态和电池状态。介绍完机器人 GUI 后，我们又讲解了 ROS 中 GUI 的调试工具 rqt，了解了调试数据使用的一些插件。

9.8　习题

1. Linux 平台上常用的 UI 工具有哪些？
2. Qt 绑定 PyQt 与 PySide 有什么不同？
3. 如何将 Qt 的 UI 文件转化为 Python 脚本？
4. 什么是 Qt 信号和槽？
5. 什么是 rqt，它有哪些主要应用？

9.9　扩展阅读

更多有关 ROS 中机器人视觉包的知识，请参见以下链接：

- http://wiki. ros. org/rqt/UserGuide。
- http://wiki. ros. org/rqt/Tutorials。

习 题 解 答

第1章

1. ROS 的三个主要功能：

- 与不同的程序进行通信的消息传递接口。
- 现成的机器人算法，使机器人原型制作更快。
- 用于可视化机器人数据和调试的软件工具。

2. ROS 中不同层次的概念包含 ROS 文件系统、ROS 计算图和 ROS 社区。

3. catkin 构建系统是使用 CMake 和 Python 脚本构建的。这个工具可帮助构建 ROS 软件包。

4. ROS 主题是一个命名总线，节点间可以互相通信。主题中使用的消息类型是 ROS 消息。

5. ROS 计算图的不同概念包括 ROS 节点、ROS 主题、ROS 消息、ROS 控制器、ROS 服务和 ROS 消息记录包。

6. ROS 控制器充当一个中介程序，连接两个 ROS 节点以进行通信。

7. Gazebo 的重要功能有：

- 动态仿真：包括 ODE、Bullet、Simbody、Dart 等物理引擎。
- 先进的 3D 图形显示：它使用 OGRE 框架来创建高质量的灯光、阴影和纹理。
- 插件支持：允许开发者添加新的机器人、传感器和环境控件。
- TCP/IP 传输：使用基于套接字的消息传递接口控制 Gazebo。

第2章

1. 完整机器人可以任意方向自由移动，其可控自由度等于总自由度。基于 Omni 轮的机器人是完整机器人的一个例子。非完整机器人的运动受到约束，所以可控自由度不等于总的自由度。差分驱动程序配置是非完整配置的一个例子。

2. 机器人运动学研究机器人的运动而不考虑质量和惯性，机器人动力学则研究质量和惯性特性、运动和相关力矩之间的关系。

3. ICC 为瞬时曲率中心，是机器人旋转轮轴上的一个假想点。